地质·生态·气候

景观·人物·遗存

神话·传说·民俗

诗词·楹联·碑铭

宗教·神祇·信仰

植被·物种·管护

开发·设施·导游

山西出版集团
山西人民出版社

编撰委员会

主　任：王建林

副主任：王继堂

委　员：张增翔　王琳玉　韩栓虎　王福生

编撰人员

主　　编：王琳玉

副 主 编：李彦乔　韩　杰　刘锦萍

文字撰稿：周建宇　张志荣　程耀武　王长青　闫　震
　　　　　秦志强　范晓丽　胡满川　齐永生　王亚萍

摄　　影：王冬青　崔富春　霍康宇

图片制作：徐俊峰　武　强　武建平　祝丽娜

编　　务：张荣德　魏荣华　成江平　王宇宙　王荣芝
　　　　　孙彦军　郭　瑞　康建清

目录

contents

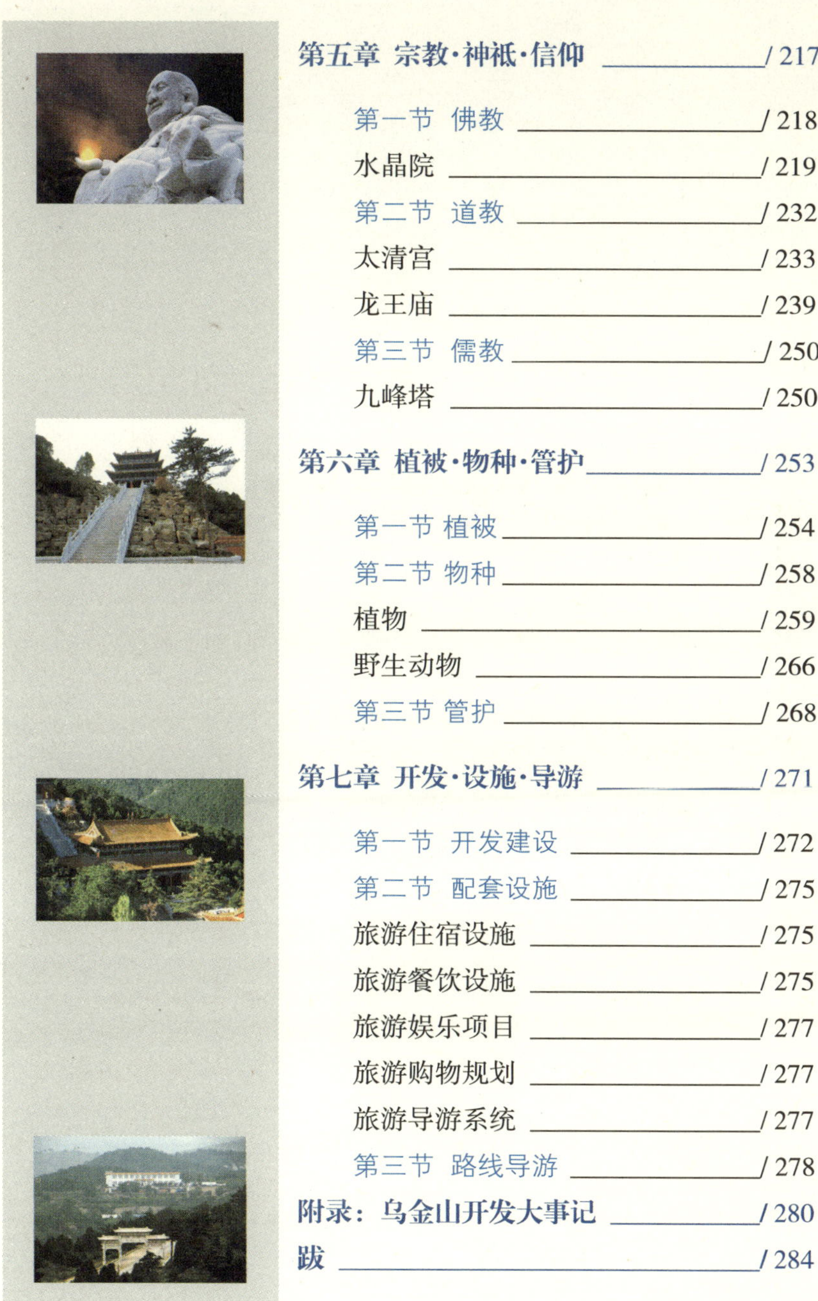

序言

中共榆次区委书记　王建林
中共榆次区委副书记、区长　王继堂

山不在高，有仙则名；水不在深，有龙则灵。自古以来，位于榆次以北罕山之阳的乌金山就以其绚丽多姿的景色、美丽动人的传说、悠久厚重的历史撩动着无数名士才子、文人墨客的心扉。

当你徜徉在乌金山风光怡人的怀抱中时，你会深深地感到：她是一处天然的氧吧，这里山峦起伏，植被丰盈，层林覆盖，郁郁葱葱，实为黄土高原上不可多得的绿色明珠；她是一块人文的美玉，这里与佛教圣地五台山有着很深的历史渊源，水晶院曾被誉为五台山下院，文殊菩萨讲经的传说，黑龙布雨济世的神话，为这片青山平添了许多令人向往的神秘色彩；她是一座英雄的名山，这里曾走出过后汉开国皇帝刘知远、汉人成佛第一人唐代“空王佛”田志超、清代湖北提督张彪等历史人物，尤其值得我们景仰的是，我党早期无产阶级革命家韩麟符和抗日英雄高国杰也都生于斯，长于斯。

1993 年，乌金山因其植被珍稀、景观奇特、涵养气候被林业部确定为国家森林公园。2008 年以来，这里历史遗留下来的一大批名胜景观，如水晶院、玉皇阁、藏狮洞、黑龙池、大慧石、天缘谷、龙王庙、太清宫、九峰塔等得到有序开发，第七届榆次文化旅游节开幕之际将全面向中外游客开放。这真是岁月无情，山水有意。正如唐代诗人张继所吟唱的那样：“谁谓天生真可学，山中亦自有年华。”当我们轻轻拂去千年沧桑给乌金山遮上的薄薄尘埃时，我们的眼前不禁为之一亮。婀娜多姿的乌金山必将成为三晋大地人文与自然景观水乳交融的旅游休闲度假胜地。

当今世界，旅游业已逐步成为发展最快的绿色产业和朝阳产业。旅游业的发展不仅能够促进经济社会的发展和生态环境的改善，也使人类一直以来“既要绿水青山，又要金山银山”的美好愿望成为现实。拥有三千年悠久历史的古老榆次，东依太行，西俯汾谷，北枕罕山，南抱八缚，潇、涂二水缠腰而过，尽显旖旎风光，抒写一抹锦绣。厚重的文化底蕴、秀美的自然风光、发达的交通区位、驰名中外的晋商文化，构成了榆次得天独厚的旅游资源优势。近年来，榆次区委、区政府确立了“提升竞争力，再创新优势，全力打造现代晋商中心区”的战略目标，大力发展“绿色农业、园区工业、文化旅游”三大特色经济，将文化旅游与工农业发展置于同等重要的位置，立志打造山西中部旅游龙头和北方文化生态旅游名城，取得了明显成效，被中国民协命名为“中国晋商文化之乡”和“中国晋商文化研究基地”。2000 年以来，先后修复了堪称“中国儒商第一家”的常家庄园、集中国传统文化于一身的榆次老城，抢救开发了中国民间文化遗产普查古村落范本——后沟古村。2008 年 4 月，我们借鉴多方经验，本着“政府宏观管理、市场运筹资金、保护开发并重、突出生态效益”的原则，引入民营资本，分三期启动了乌金山国家森林公园的保护性修复。至此，榆次的旅游产业由一张白纸，迅速构建成为今天的庄园（常家庄园）、老城（榆次老城）、古村（后沟古村）、名山（乌金山国家森林公园）为一体的旅游格局。

我们坚信，随着我区旅游产业的不断完善，打造文化旅游名城目标的不断推进，榆次的旅游产业将迅速崛起，成为推动我区实现赶超发展的支柱产业。一个充满活力、特色鲜明、山川秀美、和谐文明的现代晋商中心区，正焕发出勃勃生机，向我们快步走来。

综述

ZONGSHU

榆次乌金山国家森林公园属太行山西缘山脉，位于榆次以北 17 公里，太原以东 22 公里处。由乌金山（又名龙王山）、大洪山、紫金山、中林山等 25 座山脉和明珠湖组成。总面积 5.5 万亩，森林面积 3.1 万亩，森林覆盖率达 80%以上。

乌金山国家森林公园自然风光绮丽独特，境内山峦起伏，沟壑纵横，层林覆盖，郁郁葱葱，实为黄土高原不可多得的绿色明珠。乌金山四季景色如诗如画，如梦如幻。明万历年间重修水晶院的碑记上说：乌金山“春萝摆月，孤猿群鹿，因芬芳而踪迹于百卉林中；夏鲜飘风，山鸡野雉，呈馨郁而翱集于万花丛里；秋则黄花被径而红叶妆林；冬则六花霁晓而孤根暖津”。乌金山如此美不胜收，不能不令人神往。

乌金山国家森林公园不仅有秀丽的自然风光，而且有丰厚的历史文化底蕴。这里与佛教圣地五台山有着很深的历史渊源，向被称为五台山下院，文殊菩萨讲经的道场。水晶院寺庙群、龙王庙寺庙群、太清宫寺庙群、大佛台、九峰塔等众多寺庙群落依山而建，气势恢弘，红墙绿瓦，金碧辉煌，掩映在千顷绿海碧浪之间，使乌金山显得异常庄严神圣。晨钟暮鼓，铜罄风铃，更加增添了乌金山静谧幽远的佛国气氛。

乌金山的宗教设施建设最早可以追溯到隋唐，距今已有 1400 余年的历史。其间许多文人墨客或达官显贵慕名前来拜谒或游览，并为乌金山留下了许多墨迹和辞章。因此，乌金山不仅以风景优美而被世人青睐，同时也以丰厚的文化底蕴而名扬三晋。由自然造化而演绎出来的民间传说构成了独特的乌金山文化现象，这些美丽的传说为这一片青山平添了许多令人向往的神秘色彩。

乌金山国家森林公园之所以能够成为人们心驰神往的地方，还有一个最重要的原因，就是这里拥有得天独厚的自然条件。首先，乌金山的气候清凉宜人。由于这里海拔较高，最高可达近 1500 米。所以，山底和山顶气候温差较大。在炎热的盛夏，山下酷热难耐，山上却凉风习习。因此，这里自古就有“清凉胜境”之美称。特别是境内森林覆盖，为乌金山孕育了一个天然的氧吧。所以我们说，这里还是一个避暑的胜地，养生的佳园。

其次，乌金山自然生态良好，境内森林茂密，植被丰盈。油松、侧柏、白皮松以及各种乔木灌木多达 330 余种。其中，党参、玉竹、黄芪、黄精等中草药多达 200 余种。还有金钱豹、雪貂等珍禽异兽及昆虫 150 余种。多种植物和动物，构成了乌金山生机盎然的壮丽画卷，造就了具有观赏性的自然生态家园。

此外，乌金山地区还是一个人才辈出的地方，后汉开国皇帝刘知远、曾被唐太宗赐号“空王佛”的田志

超、清代湖北提督张彪都出生在这里。有关他们的史迹更加增添了乌金山的历史厚重感。尤其值得我们景仰的是，我党早期的无产阶级革命家韩麟符和抗日英雄高国杰也都是乌金山的子孙。他们为了我们，把一腔热血毫不吝惜地洒在了家乡的土地上。“高山仰止，景行行止”，乌金山不仅仅只是一处风景名胜，它还是一座英雄的山。

近年来，榆次区委、区政府致力于打造自己的旅游品牌和旅游名城，加快旅游资源向旅游产业转变的步伐，在这方面做了大量的工作。2007年，在基本完成了对常家庄园、榆次老城和后沟古村等旅游景区的修复之后，又开始投巨资对乌金山国家森林公园旅游景区进行大规模的开发。如果说常家庄园、榆次老城和后沟古村属于人文景观，那么，乌金山国家森林公园将是人文景观和自然景观相得益彰的旅游休闲度假胜地，它必将翻开榆次旅游业全新的篇章。

第一章 地质·生态·气候

几亿年前的地质变化造就了今天乌金山的壮丽风光。

乌金山国家森林公园东西长 25 公里，南北宽 9 公里，由大小 25 座山组成。

特殊的地理条件孕育了乌金山多样化的生态资源。

乌金山国家森林公园气候凉爽湿润，空气清新宜人，向有“清凉胜境”之称。

乌金山国家森林公园地理位置十分优越，造就了其便利的交通。

第一节 地　质

乌金山地质形成历史久远。

远在3.5亿年至2.3亿年的古生代晚期，在欧洲西南部阿尔卑斯山脉的华力西山发生了一次强烈的地壳运动。这次地壳运动不仅使处于同一纬度的中国新疆境内形成了天山、阿尔泰山等山脉，也使万里之遥的榆次境北的地形发生了急剧变化。地表出现断裂和塌陷，将大片的森林埋藏在地层深处并逐渐碳化，形成储煤丰富的古生代二叠系、石炭系地质。

历史进入距今4000万年的新生代时期，印度洋发生海底扩张，使南部印度洋板块向北逐渐漂移，与欧亚大陆板块相撞挤压，形成了地质史上的喜马拉雅山运动。这次造山运动使得与南印度洋处于同一经线上的榆次境北地层复又隆起，形成了我们今天所看到的太行余脉——罕山山脉。

罕山从寿阳县一直延伸到榆次境内，人们给这一段连绵逶迤的山脉取名龙王山，亦即现在的乌金山。

乌金山位于榆次正北，太原市正东，寿阳县西南的三县市区交汇处的罕山之阳，总面积约5.5万亩，森林面积3.1万亩，森林覆盖率达80%以上，为榆次境北山脉之总称。1993年，乌金山被林业部批准为国家森林公园。

乌金山国家森林公园地处太行山西缘，主脉东西走向，地势北高南低，是中度切割的基岩山和土石山区。西北部的中林山海拔1271.1米，组成岩性为古生界二叠系砂页岩，地形剧烈起伏，沟壁陡急。中部的龙王山、大洪山海拔1320米，主要岩性系古生界石炭系砂页岩，坡度缓斜，地下有煤炭分布层。要罗山系为第三系(N2)、第四系（Q）黏土及红土层，垣面平坦，沟壑纵横，局部地段有分布不均的砾石层。辖区内砂页岩山地占总面积的87%，黄土丘陵占总面积的13%。

几亿年前的地质变化造成了今天乌金山层峦叠嶂，沟壑纵横，林涛呼啸，紫气蒸腾的壮丽风光，可谓天地造化得天独厚。

第二节 地 貌

榆次境内的山脉均属太行山西麓的支脉，东南部属八缚岭山系，北部（即乌金山）属罕山山系。

乌金山国家森林公园东西长25公里，南北宽9公里，从东向西依次为要罗山、紫金山、大洪山、乌金山、中林山五大支脉，均为罕山向南的延伸，由大小 25 座山组成。主要山脉依次排列为：

要罗山：位于鸡蛋垴东北 1.2 公里处，要罗村北偏东 0.3 公里处，海拔 1342 米，山势走向为东北—西南。

紫金山：位于榆次什贴镇的要罗村西偏北 2.8 公里榆次和寿阳的交界处，海拔 1335 米，山势走向为东北—西南。

鸡蛋垴：位于紫金山东南 2.8 公里处，海拔 1311 米，山势走向为东北—西南。

大洪山：也叫红砂山或四凹，位于乌金山东北 2 公里，海拔 1277 米，南北走向。山麓天然林茂密，阴面多松，阳面多柏。山中有镇寿寺遗址，以及明清残碑。

乌金山：又叫龙王山，位于平地泉东北 1.5 公里，海拔 1489.2 米，山势南北走向，为榆次境内风景名胜区，也是三晋腹地一个天然的绿色宝库。乌金山煤藏丰富，属于丈八厚大窑煤。

馒头山：位于乌金山正北 2 公里处，因山形酷似馒头而得名，海拔 1350 米，山势走向西北—东南。

狗头山：位于馒头山正北 0.5 公里，因山貌似狗头而得名，海拔 1388 米，山势走向南北。

先锋山：位于馒头山西南 1 公里，海拔 1347 米，走向东北—西南，峰峦险峻，上有寨壁遗址，古为避兵处，所以也称寨山。

孟良山：位于乌金山西北，平地泉

正东2公里处，海拔1333米，南北走向。据传北宋时杨延昭部将孟良在此驻军而得名。

海螺山：以山形为海螺状而得名，位于大峪口西北1.2公里处，南北走向。山上有洪圣寺，今仍存。

卧虎山：以形为卧虎而得名，位于结岭石与崇窑梁之间，海拔1264米，南北走向，形势险要。唐末，沙陀人李克用进攻太原，与振武军节度使契芯璋战于此，为著名古战场。

兔儿山：位于卧虎山南2公里处，海拔1255.6米，东北—西南走向。山势怪石嶙峋，峰峦陡峻，林木葱郁，在临近诸峰中最为壮观。现大佛台位于山顶。

中林山：位于结岭石正南1公里处，海拔1271米，山势东南—西北走向。上有和合寺，现已毁坏。立此山上南瞰榆次，北望罕山，形势险要，为军事要地。

众山之中，以乌金山最高（海拔为1489.2米）。以中林山山脚下之寺沟口为最低（海拔为954.1米）。相对高差535.1米，使乌金山

形成逶迤之势，峰峦叠嶂，蜿蜒起伏，林海茫茫，山光凝瑞，为榆次境北之天然屏障。

乌金山地势北高南低，由中度切割的基岩山和土石山组成，主要岩石为古生界二叠系与石炭系时期形成的灰色砂岩和紫红色、灰绿色页岩，占全境面积的87%。其中涧河以北的中林山、乌金山、大洪山等多为二叠系上、下石盒子组、太原组的灰色砂岩。涧河以东的紫金山为二叠系石千峰组的紫红色砂页岩。局部地区覆盖的黄土为砂页岩母质和黄土母质发育而成的淋溶性褐土、褐土性土和石质土，占全境面积的13%。

乌金山国家森林公园群山凌空耸峙，林海波涛汹涌，层层山峦，起伏跌宕，似蛟龙出海，气贯长虹，好一派壮丽的北国风光！

第三节 生　态

特殊的地貌条件孕育了乌金山国家森林公园多样化的生态资源。

这里森林茂密，植被丰富，且保护完好。千顷碧绿之中生长着各类奇树异草。山上乔木灌木及其他植物种类多达330余种，形成了浩瀚壮观的天然油松、侧柏、白皮松混交和天然山杏、山桃与油松混交的风景林带。

白皮松为国家二级保护树种，闪金柏为世界稀有树种，丽豆为濒临灭绝的物种。林中，虎榛子、沙棘、黄刺玫、荆条、照山白、丽豆、胡枝子、绣线菊、金银木、六道木、暴马丁香、河朔荛花等灌木相互交织，色彩艳丽，美不胜收。树丛下，生长着百余种草类植物，其中有黄精、玉竹、黄芪、穿地龙等200余种珍贵的中草药，这里真不愧为稀有植物的宝库。

三层植被形成了乌金山壮丽的自然景观和原始生态。真个是春季桃花烂漫，夏季松柏滴翠，秋季红叶浸染，冬季白雪映黛，仿佛是一幅多姿多彩奇异壮美的画卷。

由于乌金山混交林等三层植被完全处于一种自然生长的原始状态，所以这里也就成了野生动物的乐园。据有关部门考察，这里有鸟类、兽类、两栖类、爬行类、节肢类以及环节类动物 36 科 150 余种。在这些动物中，金钱豹和雪貂最为珍贵，其他如狼、野猪、狍子、狐狸等各种兽类均分布在乌金山千顷密林之中。此外还有灰鹳、雉鸡、黄鹂、鹰鹫等多种禽类，蛇、鼠等爬行动物更是数不胜数，使乌金山成了三晋腹地不可多得的自然生态野生动物园。

乌金山国家森林公园青山滴翠，百花争艳，空谷鸟语，百兽嬉戏，这里简直就是一个美丽的童话王国！

第四节 气 候

乌金山国家森林公园气候凉爽湿润，空气清新宜人，是其气候的重要特点之一。据《榆次县志》载："乌金山（龙王山）林木丛蔚，为全县清凉胜境，上建水晶院，中有龙池，冬不冰夏不涸，中外人士多避暑于此。"又云："乌金山、中林山松柏郁茂，林木丛蔚，堪称清凉胜境。"

没有任何污染的生态环境造成的独特小气候是乌金山重要的旅游资源。蓝天白云，绿树碧草，百兽嬉闹，鸟语花香，时雨阵阵，清风徐来……这不是童话，而是乌金山现实的自然状态。形成乌金山清凉气候的原因有两个，一是这里海拔较高，二是这里植被丰茂。

乌金山境内最高海拔近 1500 米，这就造成了山上山下气候温差的悬殊。据榆次气象部门的资料显示，乌金山境内年平均气温为 9.8℃。夏季（7 月）平均气温 23.6℃，冬季（12 月）平均气温 -4.8℃，比榆次太原平均气温低 3~5℃。一年内无霜期 120~144 天，年平均降水量 440 毫米，年相对湿度 8%，

一年内降雨主要集中在7、8、9三个月，占年降水量的68.5%。这些资料证明，乌金山气候凉爽，空气清新，不愧为山西中部著名的避暑胜地。

造成乌金山独特气候的原因除了其海拔较高，雨量较为丰沛以外，另一个重要原因是它得益于山上高覆盖率的森林和植被。原始的森林、灌木、草丛三层植被是一个巨大的天然空调，涵养了乌金山区湿润凉爽的小气候，至今所谓“罕山时雨”仍被世人津津乐道。不仅如此，这里还是一个巨大的天然氧吧，为人们养生祛病提供了最好的场所。盛夏其时，群峰中云蒸雾腾，清雨阵阵，凉风习习，驱走酷暑。所以历朝历代人们才会趋之若鹜。山中至今存有山西大学创始人之一的敦崇礼入山避暑疗养亡故后的墓冢墓碑和孔祥熙避暑山庄。

乌金山自古就有“清凉胜境”之美称，到这里来避暑消夏，疗养健身，当是人生一大快事！

第五节 交 通

乌金山国家森林公园西距省城太原 22 公里，东距寿阳县 40 公里，南距榆次 17 公里，优越的地理位置，造就了乌金山国家森林公园便利的交通。307 国道由西向东横亘于乌金山之北，武峪公路横卧于乌金山之南，榆太一级公路位于乌金山以西，并将以上两条公路串联贯通，从而形成了乌金山景区的环行交通线路。乌金山还毗邻太旧高速公路，从太旧高速公路峪头出口向北，过沛霖村到乌金山国家森林公园的明珠湖景区只需 10 分钟。从省城太原乘车前往乌金山旅游景区只需 20 分钟，从武宿太原机场乘车至乌金山只需 15 分钟。

乌金山国家森林公园的地理位置得天独厚，通往乌金山国家森林公园的道路四通八达。优越的地理位置和方便的交通条件为榆次发展乌金山生态旅游奠定了坚实的基础，也为周边游客前来乌金山观光提供了便利的条件。

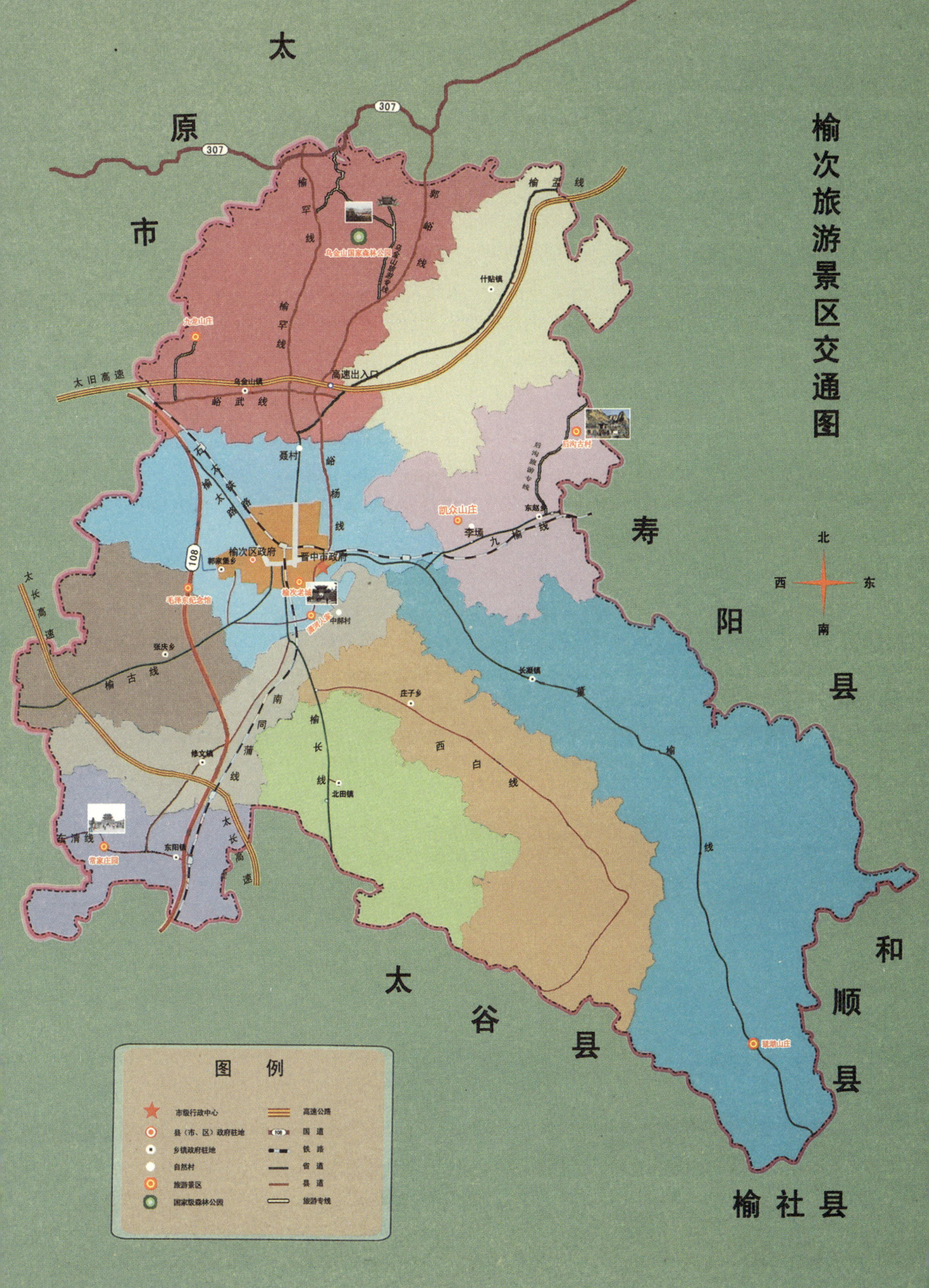
榆次旅游景区交通图
太原市
寿阳县
和顺县
榆社县
太谷县
北
南
西
东
307
108
太旧高速
榆罕线
郭峪线
榆盂线
峪武线
峪杨线
九榆线
榆古线
南同蒲线
榆长线
西白线
董榆线
东清线
太长高速
乌金山国家森林公园
乌金山镇
高速出入口
什贴镇
聂村
后沟古村
凯众山庄
李墕
榆次区政府
晋中市政府
榆次老城
中部村
张庆乡
长凝镇
庄子乡
修文镇
北田镇
东阳镇
常家庄园
图例
市级行政中心
县（市、区）政府驻地
乡镇政府驻地
自然村
旅游景区
国家级森林公园
高速公路
国道
铁路
省道
县道
旅游专线

天地造化在乌金山的丛林里留下了数不清的自然景观。
许多美丽的传说更加增添了乌金山的神秘色彩和无穷魅力。
乌金山不仅有丰富的自然景致，而且还有数不尽的人文景观。
许多寺庙群都依山而建，金碧辉煌，气势恢宏。
天缘谷给我们讲述了后汉皇帝刘知远和民女李三娘动人的爱情故事。
乌金山还孕育了灿若群星的古今英雄人物……

景观·人物·遗存

第二章

第一节 自然景观

据明万历年间《榆次县志》载：“罕山自太行连络而下，层峦起伏，视诸山独为壮丽，实邑中一形胜也。”足见乌金山风景之壮美。清晨，一缕缕紫色的山岚在山间升腾飘逸。透过雾岚，恍惚看到群峰在紫雾里飘摇，似有似无，似隐似现，似动似静，似近似远。傍晚，日挂林梢，霞光满天，微风轻拂，层林尽染，简直是一幅远淡闲适的水墨丹青。置身山林之间，使人心旷神怡，宠辱皆忘。天地造化在乌金山的丛林里留下了数不清的自然景观，这里自古就有罕山八景之说，近代又有许多奇景发现。乌金山的自然奇观简直星罗棋布，不胜枚举。这些景观有的还伴有美丽的传说，更加增添了它们的神秘色彩和无穷魅力。

天台揽胜

乌金山天台峰顶有观景台，观景台上有观景亭，观景亭内石碑上镌刻有四个大字：“天台揽胜。”登上天台峰的观景台放眼向四周望去，远山近景尽收眼底。远处，群山叠翠，绵延起伏，真乃大气磅礴，不可一世。近处，峡谷深幽，林涛翻卷，好个绿浪纵横，瑞气盈天。如果你是在上午登临天台峰，又恰逢春和景明，乾坤一朗，那你就可以看到蓝天如洗，远山澄碧，直与飘动的白云相接相连。脚下的乌金山大峡谷中，长青的松柏簇拥着一片片盛开的山桃花，真是“万顷碧海浮红云，自然天成鬼神工”。任凭再高明的画家也难以状写眼前的美景。此时此刻，你定会感到此我彼我，神清气爽，所想所思，旷远悠长。如果你是在下午来到天台峰，又恰逢斜阳西照，那么，远峰近山，苍松翠柏，尽皆沐浴在柔和的霞光里。橘红色的雾岚把远山染成紫色，一层一层，苍苍茫茫，一处一处，浓淡相宜。待到夕阳西下，落霞飞腾，你会蓦然想起毛泽东“苍山如海，残阳如血”的名句。不同的时节，乌金山有着不同的动人风景，不管你什么时候光临天台峰观景台，乌金山都会给你一份别样的惊喜。

天台揽胜

罕山时雨

罕山时雨亦称诸峰时雨，位榆次古八景之首，此景在榆次的旧县志中多有记载。乌金山昔名龙王山，为罕山群峰的腹地。这里漫山遍野长满茂密的松林，放眼望去，绿海翻滚，无边无垠。在水晶院南向和北向的深谷中，更是林茂草丰，植被覆盖非常严密。

罕山时雨

正所谓下不见土石，上不见天日。地气氤氲，空气潮湿，形成十分独特的小气候。不知什么时候，天上就会飘来一块云彩，顿时便甘霖洒下，转眼又雨过天晴。雨后青山，一碧如洗，松香阵阵，令人神往。即便是在七月流火的酷暑，炽热的阳光从茂林的枝叶间洒向林中，使林中草木蕴涵的水分化作浓浓雾霭蒸腾而上，并在森林上空聚集不散，多而成云，云厚成雨，随风飘洒而落。隆冬，乌金山的雪也比其他地方多，而且雪花奇大，纷纷扬扬，飘飘洒洒，银装素裹，满山皆白，别有一番神韵。乌金山仿佛时时皆有细雨洒落，实乃大自然中罕见的奇观。因此，历代墨客骚人多有诗篇歌咏。如明万历户部尚书褚铁曾游历于此，留下了七律《罕山时雨》一首：

灵山角立势崔嵬，叠嶂层峦次第开。
峻极北联恒岳峙，岧峣东向太行来。
岫云若得从龙岫，灵雨应知遍草菱。
四海苍生仰膏泽，好为霡霂洗尘埃。

林海日出

林海日出是乌金山的又一奇景。观林海日出的最佳地点为水晶院，此处地势较高，数万亩碧绿的松林层层叠叠尽收眼底。驻足凝望，眼前郁郁葱葱，苍苍茫茫，如立绿海孤岛。侧耳倾听，林风飒飒，松涛阵阵，啸声起伏不绝。观林海日出的最佳时间是夏秋雨后的清晨。天色微明，远山如墨，林海染黛。待到晨曦微露，四周朦朦胧胧，峡谷内缕缕雾霭翻卷飘动，真是缠峰绕翠，气象万千。此时，一抹朝霞慢慢扩展，映红了半个天际。黛色的浮云被朝霞镶上了金边，浮云在霞光里变幻，真是美不胜收。终于，太阳从墨绿的林海中露出头来，云蒸霞蔚的林海顿时染上了

林海日出

一层金色的光辉。太阳慢慢地升腾，那样新鲜，那样光艳，那样令人沉醉。一轮红日终于升上林梢，整个世界都沐浴在灿烂的阳光里。乌金山数万亩林海显得更加鲜活壮美。人们说在乌金山看日出，与在东海看日出有着异曲同工之妙，又不乏独特的风韵，此话真是一语中的。

明湖沉绿

明珠湖公园位于榆次涧河中游的田家湾村与左付村的交界处，是乌金山景区的有机组成部分。站在临近明珠湖

明湖沉绿

洪山瀑布

公园的山巅俯瞰，明珠湖就像一颗璀璨的绿宝石，显得那样美丽，那样多姿。有山有水才谓之“景”，水使林葱郁，水使山灵秀。这一汪洁净的湖水使苍翠欲滴的乌金山更加富有魅力。碧波荡漾的明珠湖里，一座小巧的湖心岛仿佛是一座绿色的游艇在水里飘荡。走进湖心岛的小游园，里面绿树葱茏，百花竞放，环廊逶迤，曲径通幽。一座别致的长桥把明珠湖南北两岸连接起来，仿佛是一条七色的彩虹卧在湖上。桥下，一片片荷花正在开放，朵朵婀娜多姿的粉荷让湖水显得更加清澈。辽阔的湖面上，微波荡漾，浮光跃金。如果泛舟湖上，船桨划破水底的蓝天，将别有一番情趣。说不定好客的鱼儿会突然跃出水面跳到你的船上，那你就不仅仅只是惊喜，而应该是无比的畅快和清朗。

洪山飞瀑

大洪山镇寿寺以东的一个峡谷中，有一道千年不涸的瀑布，名曰洪山瀑布，是乌金山的一大景观。大洪山瀑布宽约 3 米，落差约 5 米。平时缓缓而下，不急不躁，飘飘洒洒，声如韵乐，令人心醉。雨季到来，瀑布则飞流直下，溅玉飞珠，声如洪钟，气势磅礴。待到冬日降临，此处又是另一番绝妙的景象，飞瀑“顿失滔滔”，变成了一座玲珑剔透的巨型羊脂玉雕。相传清康熙帝西巡太原，闻听榆次洪山有此景观，即慕其名专门从太安驿绕道至此，在镇寿寺停銮观赏此景，并在瀑布一侧亲栽宜男草（宜男草又名萱草，俗称金叶）以为纪念，而今此草早已连片生长，黄红相间的花朵从春开到秋，把瀑布周围装点得如锦缎一般美丽，成为一山野小品。

七彩流砂

七彩流砂景观在大洪山北梁，此处有白、灰、蓝、绿、红、黄、紫七色砂岩，峰巅岩石经数千年风化，成为色彩斑斓的七彩流砂。流砂从峰巅直泻而下，并聚合而成片片砂滩。砂滩色彩艳丽，在阳光下熠熠生辉，蔚为壮观。由于这一带各色砂岩分布成条块状，互不相掺，界限分明，站在高处俯瞰，谷底仿佛是一张巨大的七彩地毯，令人赏心悦目。游人至此，无不感叹大自然鬼斧神工的天然造化。北梁流砂不仅具有极高的观赏价值，又是制作工艺品的上好原料。不仅如此，砂中还含有多种微量元素。夏天在此砂浴，对治疗各种皮肤病和慢性病有一定的疗效。因此，北梁流砂不仅是一处景观，而且还有很高的经济价值。难怪人们说：“金砂银砂不如北梁流砂。”

七彩流砂

龙泉映月

龙泉映月由水晶院白云洞前有关龙泉的故事生成。据说当年剁手和尚兴建水晶院以后，将此清泉砌石成井，以供僧人饮用，并指龙王山（即乌金山）为名，于是此井得名为“龙泉”。龙泉井刚砌成的时候，水位很高，几与井台齐平。每当月夜某时，一轮皎月当空映照，倒映井中，平静的水面便现出明月山树、洞檐雕龙的奇妙景象，故称为“龙泉映月”。后人将其列为乌金山旧八景之一。龙为大贵之象，龙泉也就成为人们膜拜的“神泉”。世人都望子成龙，因此，人们每游水晶院，必饮龙泉水，以求生子成龙。久而久之，龙泉又被人们演绎成“送子龙泉”，引得诸多善男信女到此进香祈祷，给“龙泉映月”这一景观蒙上了一层神秘的色彩，使其更加令人神往。

叠瀑飞泉

叠瀑飞泉景观位于水晶院东绝壁上。水晶院依山势而建，院东山墙下是一绝壁。一股巨大的水流从水晶院东绝壁上涌出，经七级石阶飞流直下，逐级跳跃，起伏跌宕，气势不凡。飞瀑经水晶院东向南注入九龙湖。七级瀑布，犹如道道白练，阳光下，飞珠溅玉，熠熠生辉，七彩斑斓，十分壮观。且水流湍急，声如洪钟，在天缘谷上空回荡。待到夜深人静，峡谷回音，此起彼伏，音韵悠长。此情此景，令人悦目悦耳悦心，给千年古刹水晶院平添了几多诱人的魅力。

叠瀑飞泉

红叶抱湖

红叶抱湖

出水晶院向东走 30 米，右有九龙壁，九龙壁以南乃九龙湖，九龙湖上有风格独特的九孔桥、九曲桥和凤凰阁。站在桥上向四周望去，九龙湖碧波荡漾，蓝天倒映，如诗如画。千顷绿树中有此一汪清水，真是令人赏心悦目。“山不在高，有仙则名，水不在深，有龙则灵”，何况湖有九龙。九龙湖四周山坡上栽满了黄栌和火炬，每到暮秋，树叶经霜，变得火红火红。使人不能不想起“停车坐爱枫林晚，霜叶红于二月花”的名句。但这不是在“白云生处”，而是在九龙湖畔。眼前红树环湖，倒映清波，红绿交织，美不胜收，别有一番情趣。游人若泛舟湖上，仿佛就在画中。说不定你也会诗兴大发，也学古人吟咏两句“泛舟清波荡红云，一任情思满龙山” 。

林海听涛

林海听涛

林海听涛景点位于水晶院东天缘谷中，天缘谷谷深坡陡、树高林密。山风自天缘谷口进入，顺谷蜿蜒回旋，汇成一股股强大的气流。大风沿地形复杂的天缘谷在密林中上下盘旋，左右奔突。林梢翻卷摇曳，发出阵阵声响。这响声就像大海中呼啸起伏的巨浪，遂有松涛一说。山风时大时小，涛声也就变化万千。时而雷霆万钧，时而轻若游丝。若置身其中，侧耳倾听，松涛有时如狮吼虎啸，排山倒海，势不可挡，令人胆战心惊，毛骨悚然。有时又如情侣幽会，窃窃私语，柔情万端。加之林中鸟鸣阵阵，宛转悠扬，真令人心荡神驰，浮想联翩。

水晶漫院

水晶漫院曾是乌金山旧八景之一，也是水晶院一大奇观，此奇观位于水晶院的白云洞前。相传，剁手和尚化缘建寺的时候，白云洞前乃是一片岩石坡。龙泉之水从井口溢出，便散漫在石坡上向山谷流去。当时剁手和尚正在建造水晶寺庙，工匠们开山凿石，伐木运土，来往穿梭，日夜不停。而石坡是工匠们的必经之路，上面的流水影响了这些工匠搬运石料和木材。为方便工匠行走，并保护岩上流泉四溢的景致，剁手和尚命工匠铺方砖于岩上，以为通道。结果，

流水受阻，就从砖缝中溢出并漫院流淌，阳光下，犹如千万颗水晶珠满院滚动，蔚为壮观。剁手和尚见状豪兴大发，遂将此景命名为水晶漫院，并嘱咐工匠人等不得损毁，于是，水晶院又添一景。待到剁手和尚圆寂以后，随着寺院多次修葺，院内砖缝被泥土淤塞，流水不再外溢。但人脚踏其上，砖缝中仍有泉水溢出。直到清宣统年间重修水晶院，地面抬高，水晶漫院景致始告消失。

玉皇高阁

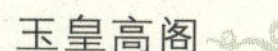
玉皇高阁

玉皇高阁原指水晶院之玉皇阁景观。原玉皇阁建于水晶院以北的山顶上，游人若想登临玉皇阁拜见玉皇大帝，必先爬三十三级台阶，故有“三十三天朝玉帝”之说。玉皇阁为水晶院的制高点，站在水晶院仰望，玉皇阁背负蓝天白云，而为苍松翠柏所环抱，有仙山耸峙之感。如若登阁远眺，其北，层峦叠嶂，林木接天，松涛滚滚，绿满乾坤；其东，深涧幽谷，蜿蜒如虹，绿波荡漾，气势不凡；其南，水晶院殿阁参差，曲径通幽，游人如织，熙来攘往。特殊的地理位置使玉皇阁成为登高远眺的好去处。现在，落架重修的玉皇阁纳入道教寺院龙王庙寺庙群，在原玉皇阁原址上，修建了与佛教寺院水晶院一体的大雄宝殿。登上大雄宝殿，乌金山美丽的景致同样一览无余。

藏狮古洞

藏狮古洞位于乌金山水晶院西山壁下，为一天然石洞。传说乌金山为五台山下院，水晶院为文殊菩萨讲经的道场。文殊菩萨往来于五台山与乌金山之间，常以雄狮代步。

藏狮古洞

文殊菩萨讲经，自然听者甚众。为安全起见，他来乌金山讲经之时，便要为自己的坐骑——凶猛的狮子找一个关藏的地方，以防其伤害人。恰巧水晶院西面的山根下有一个天然石洞，这里非常安全，于是文殊菩萨每逢来乌金山讲经，便把雄狮藏于石洞中。后人便将此洞称为藏狮洞，遂成为乌金山一景。

紫气陨石

紫气陨石在乌金山水晶院东天缘谷中。石长约 7 米，宽约 6 米，高约 2.5 米，相传系女娲补天所余之石。该石表面

紫气陨石

呈黑紫色，坚硬如铁，虽逾万年而不朽。石上苔藓斑驳，青翠欲滴。每当下雨，石上便不时荡起缕缕紫雾，形成紫气陨石的奇特景观。紫气陨石也称“智慧石”，因石上有清乾隆甲戌年江南名士秦雄宝所书“大慧石”三字，故人们也称此石为“大慧石”。相传当年掌管智慧的文殊大士云游天下，发现江南人聪明善辩，而北方人豪爽好友，即对北方人心生偏爱。他同时发现江南人之所以聪明，是因为那里有“智慧泉”与“智慧石”。人们只要喝一口智慧泉的水，或在智慧石上坐一坐，就能变得聪明起来，而北方却没有。于是，文殊大士就从南方把这块女娲补天所遗之石运到北方，并将其置于他讲经的乌金山水晶院东的山谷中。至今游客到此，都要在大慧石上坐一坐，以期变得更加聪明。

青羊指路

大洪山镇寿寺附近的山林中有一座酷似绵羊的高大石笋，这座羊形石笋还有一个真实的故事呢！明正统十二年（1447 年）重修大洪山镇寿寺碑记中说，当时镇寿寺已毁坏多年，有一个名叫韩普永的人一心向佛，想重修镇寿寺。他多方打听，认真查勘，终于在地下一丈有余的地方找到了镇寿寺的遗址，于是他开始重修镇寿寺。他先修了正殿三间，并对内殿进行了彩绘，使整个殿宇焕然一新。有一天他累了，就坐在一个地方打了一个盹儿。恍惚间好像有一只羊拍着他的背说："你辛苦了！"韩普永问："你从哪里来？"羊回答说："大洪山镇寿寺。"韩普永又问："你来做什么？"羊说："专程与君相会！你做了一件功德无量的好事，你的佛缘不浅哪！"说完羊拍了韩普永的头顶一下，韩普永就迷迷糊糊地醒来了。他揉一揉眼睛，忽然看见一只羊从树梢上飞到离镇寿寺不远的山林里倏然而逝。韩普永定睛一看，原来那羊化作一块石头，这就是那座羊形石笋。韩普永一时间恍然大悟，原来是青羊为他指点迷津。于是，他就下定决心皈依佛门，剃度出了家，并求高僧赐法号为"果廉"。自此，他一生都在镇寿寺事佛，做了许多善事，直到百岁，无疾而终。

青羊指路

巨石脚印

鳄鱼吞珠

巨石脚印

巨石脚印位于乌金山以北的馒头山后山上，脚印为自然形成，轮廓清晰，硕大无比。其长6.5米，宽1.18米，高出地面0.4米。巨石脚印造型与鞋底酷似，表面纹痕与旧时布鞋底纹无二，四周由风化岩砂培拥，甚是奇妙。传说这个脚印为二郎神担着两座山由和顺方向向西追赶太阳，走到乌金山时不慎在山坡上踩了一脚，故留下了这个脚印。虽经万年沧桑巨变，脚印周围的岩石逐渐风化成砂，并慢慢被风吹走。但这个脚印却依然清晰可辨，且由凹陷变为凸起。附近村庄“鞋底岭”即由此脚印而得名。“鞋”当地方言发音为“hāi”，与“海”谐音，如今人们叫该村为“海底岭”。

鳄鱼吞珠

鳄鱼吞珠乃一山体象形景观，位于孟良山（亦称佛移山）之北的鳄鱼山。站在现林场办公楼西南的山梁上西望便可窥到全貌。鳄鱼山形状酷似一条鳄鱼，其首西尾东，与山梁融为一体，形态逼真，栩栩如生。相传佛祖如来为济世救民，曾埋地灵珠于孟良山之阳。据说地灵珠乃采天地灵气而成，所埋之处，方圆百里受益，日后此地必出人杰。后来距此十里的左付村果然出了一代帝王刘知远和湖北提督张彪，这是否与如来将地灵珠埋藏于此地有关，不得而知。只说修炼千年的鳄鱼精得知消息，便前来寻找，妄图吞珠以修成人形并位列仙班。如来闻之，即飞塔镇珠。鳄鱼几经奋力吞吸，但地灵珠终因有宝塔护佑，鳄鱼不能得逞，最终体力耗尽，徒劳无功，死于山顶，化作一山，人称鳄鱼山，从而形成鳄鱼吞珠奇观。

吐沫成池

“吐沫成池”的“池”是指水晶院东天缘谷中的黑龙池，相传此池为黑龙吐沫而成。据说很久很久以前，掌管水火的黑白二龙因为布雨侵犯辖界，便

吐沫成池

饮狮神泉

在乌金山上空争斗。顿时天昏地暗，电闪雷鸣，狂风大作，飞沙走石，二龙就此展开一场惊心动魄的酣战。但仁慈的黑龙不忍手足相残，便且战且退，不慎被白龙击伤而跌落于乌金山山谷中，随而吐沫成池。后来乡民感念黑龙行云布雨的恩泽，便在临近黑龙池的山坡上建黑龙庙以作供奉，至今香火不断。每每天旱，乡民多聚于黑龙庙祈雨，据说十分灵验，不知是真是假，但不必深究。奇妙的是黑龙池水至今四季不涸不冰，却令人匪夷所思。

饮狮神泉

饮狮泉位于水晶院藏狮洞一侧的东北角处，此处巨石高磊，一股清泉从石缝中汩汩流出，相传此处为文殊菩萨的坐骑神狮饮水的地方。此泉藏于一山洞中，四季涌流，不溢不竭。水晶院数十僧众常年饮用此水，随用随生，取之不尽。而且甘洌无比，并能祛病消灾。长期饮用此泉的僧众个个身强力壮，无病无灾，所以此泉又被人们称作神泉。当地民众得知，纷纷扶老携幼前来拜求此泉之水，带回家去医治病痛。于是饮狮神泉名声远播，四围州县的老百姓也不惜长途跋涉，前来拜求神水。尽管如此，饮狮泉仍然不枯不竭，随用随生。近年，有关部门的专家对该泉进行了化验鉴定，证明饮狮泉水中含有多种对人体有益的矿物质，且含量极为丰富。所以，游客至此，总要喝一杯饮狮泉甘洌的泉水，这就不足为奇了。

悬崖奇音

悬崖奇音

悬崖奇音景点位于乌金山北东沟村东200米处的驴角大仙摩崖造像处。据传，悬崖下曾经有一个岩洞，不知哪个年代，一个戏班路过悬崖，恰逢大雨，全班人马即躲入崖下的岩洞里避雨。但阴云密布，雷电交加，半日不停。戏班的人等得不耐烦，便操起锣鼓家什敲打起来解闷，有的人还引吭高歌，煞是热闹。正当他们闹得起劲，突然一道闪电，紧接着一声炸雷，不想崖洞随着雷声轰然坍塌，把戏班人马皆埋于洞中，而无一人生还。传说从此以后，这里每逢雷电交加，大雨滂沱，就能听到悬崖处锣鼓阵阵，笙箫齐鸣，还能听到有人吟唱，让人惊骇不已。据说在宋朝时候，村人为安抚戏班的冤魂，曾经捐资镌刻驴角大仙像于崖上，以震慑此洞。但每逢下大雨，这里依稀仍有鼓乐声发出，实为罕见。用现代科学解释，这可能是一种电磁现象。

石坎容杯

在距水晶院东五里处的大洪山山坳里，有一座寺庙，名曰“镇寿寺”。在镇寿寺西北不远的山巅上有一处奇特的自然景观，名曰“石坎大瑾容杯”，即在岩石上自然形成一凹洞。此凹洞直径约30厘米，深约35厘米，形如海碗。杯内常年蓄有过半清水，清澈见底，经年不涸。杯中之水从何而来，众说纷纭，不得要领。即便隆冬腊月，杯内泉水也不结冰，实为罕见。此处四周苍松翠柏，遮天蔽日，空气湿润，清新异常。人们说石坎大瑾容杯里的水乃树凝甘露，滴聚而成。镇寿寺的断壁残垣，再加上石坎大瑾容杯里的一汪清水，这里的确是一个探幽访古的好地方。

骆驼出山

石坎大瑾容杯

乌金山秋水沟内有一自然景观，名曰骆驼出山。远远望去，那座山仿佛是一头骆驼刚刚走出山洞的样子。骆驼的前半个身子包括驼峰在山洞的外面，后半身好像还没有走出山洞。这里面还有个传说呢。原来秋水沟东的岩壁上曾经有一个山洞，传说文殊菩萨把敦煌三危山一个石窑里的佛经全部移到这里珍藏，并命一只山豹在此守候。谁知这只山豹有个毛病，就是贪吃，只要吃饱就睡大觉。有一个来乌金山水晶院听文殊菩萨讲经的沙陀僧人听说了这个藏经洞，就生出了把洞中佛经运到沙陀大漠建寺的意念。于是他就偷偷地从集市上购得一匹骆驼，并买了一只肥猪。他把肥猪喂了山豹，山豹吃饱喝足，就爬到树上睡着了。那沙陀僧人就设法打开洞门，将骆驼牵进去，把洞里的一些经卷装在两个箱子里，准备运出洞去。但他牵着骆驼刚刚走出洞口，就感觉骆驼拉不动了。沙陀僧人回头一看，原来骆驼的后半身无缘无故被卡在了洞口怎么也出不来。沙陀僧人顿觉事情不妙，即刻放弃骆驼逃之夭夭。原来这时文殊菩萨正在道场讲经，突然心血来潮，于是掐指一算，已知端倪，他便施佛法定住骆驼。对那个沙陀僧人，文殊菩萨念他是为了建寺而

骆驼出山

偷窃经卷，情有可原，就有意放走了他。可怜那匹驮着经卷的骆驼却只能永远被卡在洞口，久而久之就化作了一座山，人们就称这座酷似骆驼的景致叫骆驼出山。

九莲神灯

在中林山和合寺内有一大石，石上有九个石凹，大如海碗。凹内清水长注，大旱不涸，这一景观名曰“九莲神灯”。和合寺位于乌金山西南侧中林山主峰，供和合二仙，这里自然风光也十分秀美。据传，和合寺中大石上九个石凹里的水中，每到夜深人静均会出现一盏莲灯，莲灯红光四射，照得寺院通亮。九个仙女分别从九个石凹的莲灯中跳出，轻舒广袖，翩翩起舞，美不胜收。半个时辰后，又纷纷跳回莲灯之中，随即莲灯慢慢熄灭，九个石凹里清水依旧。这个美丽的传说至今仍挂在人们的嘴上。传说或不可信，但和合寺里大石上九个石凹却不是虚传，石凹中长年清水常注也不是妄说。

山花烂漫

在乌金山海拔 1000 米以下的山坡上，华北地区所有的山野花卉几乎都能在这里看到。这些花卉都处于原始混交而生的自然状态，没有一丝人工培植的痕迹。各类花卉竞相开放，色彩斑斓，浑然天成，令人沉醉。仿佛是护花仙子对乌金山情有独钟，有意将天下所有的奇花异草都撒在这里，使这里成为一个万紫千红的奇妙世界。这种迷人的景象随着季节的变换而常新。春天，这里的山桃花山杏花漫山遍野，如云如虹；金色的刺玫像给桃杏花铺上了一层高贵的地毯；色彩艳丽的樱花、连翘、丁香、杜鹃、野菊……星星点点，点缀其间，在碧绿的野草衬托下

山花烂漫

显得格外耀眼。到了秋天，金黄的栌丛、鲜红的火炬、橘红的沙棘相互映衬，绕梁环冈，绵延不绝，构成一道道魔幻般的醉人风景。置身于百花丛中，只觉得神清气爽，倦怠顿消，真个是宠辱皆忘，流连忘返。

玉带云雾

玉带云雾是乌金山的旧八景之一，这是在北方山区难得一见的奇观。每当雨后初晴，站在九峰塔向四周远眺，乌金山茂密的森林上空便会出现蒸腾的雾霭，那雾霭犹如大海的滚滚波涛，景象非常壮观。如果站在天台峰向

玉带云雾

南眺望，则又是一番情景。蒸腾的雾霭顺着条条山谷缓缓流动，仿佛是一条条飘动的玉带。如逢艳阳高照，霞光四射，万顷林海，紫雾缭绕，便会让人突然想起毛泽东的著名诗句：“赤橙黄绿青蓝紫，谁持彩练当空舞？雨后复斜阳，关山阵阵苍。”诗情画意，就在眼前。

第二节 人文景观

乌金山不仅有丰富的自然景致，而且还有数不尽的人文景观。由于乌金山山高林密，气候宜人，风景秀美，静谧清幽，历朝历代多有僧侣入山修行，更有文人墨客、达官显贵前来观瞻，因此便留下了许多人文遗迹。这里是佛教圣地五台山的下院，曾被称为文殊菩萨讲经的道场，于是便形成了以寺庙群落为主的诸多景观。许多寺庙群都依山而建，金碧辉煌，气势恢弘。这些寺庙群大都分布在千顷碧绿的林海中。远远望去，就像茫茫绿海中时隐时现的海市蜃楼，显得缥缈奇幻而又雄伟壮观。

水晶院

水晶院又称水晶寺，是乌金山国家森林公园里历史最悠久的一座佛教寺院，始建于隋末，后经历代多次修葺扩展，明清时期达到顶峰，成为山西著名的佛教寺院，原文殊殿的廊柱上曾刻有“大明成化九年重建”字样。水晶院寺庙群位于乌金山主峰东侧，是从五台山来的一位云游和尚剁手以明志，

靠化缘修建而成。相传，五台山的一个云游和尚来到乌金山，看到这里林木葱茏，云蒸霞蔚，紫气东来，是块风水宝地，就决计在这里化缘建寺以修行。一天，和尚来到邻县的一个大户人家化缘，他向主人申明来意。恰好这家主人是个一心向善的人，就允诺出资千两，以成全和尚修建寺庙的宏愿。但他的管家怀疑其中有诈，问和尚有何证据表明化缘是为了修建寺院？和尚一时拿不出证据。情急之间，他看见院内靠墙扔着一把砍柴用的刀，就走上前去拿起那把刀，在人们猝不及防的瞬间，毅然举刀断指，以表心志。管家一见此景，顿感羞愧难当。东家感其诚，急忙请郎中为其疗伤，并决定再资助千两。待和尚痊愈，管家亲自驾车将两千两白银护送到乌金山，并与和尚一起监工建造了著名的水晶院佛寺。剁手和尚的故事也一直流传至今。水晶院内有一水井，井水外溢，取之不尽，遂漫于院中。青砖覆水，晶莹剔透，熠熠生辉，形如水晶，故称此庙为水晶院。

2007 年 9 月水晶院落架重建，现已修复的水晶院寺庙群占地面积约 3300

平方米，建筑面积783平方米，为中轴对称三进结构。主要建筑由南向北为山门、钟鼓楼、大文殊殿、观音殿、大雄宝殿等。

水晶院依山势而叠建，构筑巧妙而宏伟。

水晶院东侧崖壁下为海窑院，共有石券窑洞12间，是乌金山周边七村议事的去处，也是历代榆次县令在公务之余来此小憩的地方。海窑院为石窑式建筑，冬暖夏凉。榆次、太原及周边各县之文人墨客、官宦士绅到乌金山避暑也多下榻此处。许多外籍游人及传教士也曾在此停留。光绪年间，山西大学创始人之一的英国传教士敦崇礼就曾在这里避暑养病。根据他的遗愿，去世后安葬在乌金山的送神坪上。

水晶院外景

进水晶院先经山门殿。山门殿左右有钟鼓二楼。殿内塑四大天王。

跨过山门，就进入水晶院的主院。正对山门的是大文殊殿。文殊殿正面塑狮子文殊像，两侧塑童子文殊、智慧文殊等五方文殊宝像。文殊全称为文殊师利，也称曼殊师利，意为“妙德”、“妙吉祥”，与观音、普贤、地藏合称为四大菩萨。据说文殊在四大菩萨中智慧与辩才均属一流，因而又称其为“大智师利菩萨”。他的法相为顶结五髻，手持宝剑，骑雄狮，坐莲花宝座，是智慧、辩才与威猛的象征。

大文殊殿后为观音殿，观音殿内供观音菩萨、普贤菩萨和文殊菩萨，周围是十八罗汉。观世音菩萨是佛教中在中国民间影响最大信仰最广的一尊神佛。观音法相为手执净瓶，瓶盛甘露，内插柳枝，象征观音将大慈大悲之甘露遍洒人间，以救黎庶之苦难。观音塑像旁塑童男童女各一，童女为龙女，童男为善财。

观音殿前有龙泉井，即“龙泉映月”景点。龙泉之水向东流入水晶院东山墙并顺绝壁倾泻而下，形成“叠瀑飞泉”景观。

清善大师塑像

观音殿后面为大雄宝殿。

在佛教寺院中，大雄宝殿为正殿，是整个寺院的核心建筑，也是僧众朝暮集中修持的地方。大雄宝殿之“大雄”是佛的德号。“大”者，包含万有之意，“雄”者，是降服妖魔的意思。因为释迦牟尼佛具足圆觉智慧，能雄镇大千世界，因此佛家弟子尊称他为“大雄”。宝殿的“宝”是指佛、法、僧三宝。所有大雄宝殿中供奉的佛均为释迦牟尼。

水晶院的大雄宝殿依山势建在山巅，到大雄宝殿礼佛必须先登上六十六级高高的石阶，才能来到天界。看来礼佛并非一件容易的事。面对六十六级台阶，如果望而却步，那你就很难领略朝佛的神圣。佛国里有这样一句耐人寻味的话，叫做“人人都可以成佛”。也就是说登天成佛也并不是一件遥不可及的事。只要你记住“心诚则灵”这句话，而老老实实一步一步耐心地向上攀登，你就有希望成佛。

龙王庙

龙王庙寺庙群位于水晶院西南的四角坪，与九峰塔遥相呼应。是乌金山国家森林公园内规模最大的一处道教寺院。龙王庙始建于明代中后期，后历经变迁，屡有兴废。2007年9月，龙王庙与水晶院同时开工恢复重建。修复后的龙王庙寺庙群占地面积9200平方米，其布局结构为中轴对称三进院格局。由南向北主要建筑依次为：一进院，山门、戏台、东西腋门、钟鼓楼、五爷殿；二进院，龙王殿；三进院，玉皇阁、两侧配殿东为吕祖殿，西为关圣殿。龙王庙东西两侧各配有24间厢房，46间长廊。总建筑面积2820平方米。

龙王庙内清幽雅静，花木葱茏，绿树成荫，环廊通幽。从山门进入，迎面的建筑为五爷殿。五爷殿里供奉的是五爷神。传说很久以前，乌金山并非清凉胜境，而是酷热难当，当地百姓深受其苦。专为人间排忧解难的大智文殊菩萨便从东海龙王那里借来一块清凉石，放置在乌金

龙王庙外景

山上，从此乌金山变得清凉宜人，成为远近闻名的避暑胜地。而这清凉宝石原本是东海龙王的五儿子播云布雨劳作一番回来以后祛暑纳凉之物，当他们得知清凉石被文殊菩萨带到乌金山时，便找上门来向文殊讨要。但文殊菩萨毕竟法力无边，很快就降服了五龙子，并让他住在乌金山顶，专司耕云播雨。自此，乌金山一带年年风调雨顺，百姓安居乐业。人们感戴五龙王为乌金山造福，便为他修庙塑身，加以供奉。并尊称五龙子为五爷，这就是五爷殿的来历。

穿过五爷殿，后面是龙王殿，殿内供奉有老龙王和四海龙王，他们分别是东海龙王敖广、南海龙王敖钦、西海龙王敖闰、北海龙王敖顺。中间端坐者为老龙王。老龙王身着绿龙袍，头戴九梁冠，脚踏赤靴，手持护板，高高端坐。东西墙壁上彩绘有巡海夜叉与龟丞相等水族人物和故事。

因为龙王掌管行云布雨，与老百姓的生计息息相关，所以，龙王是民间普遍信奉的神仙。

龙王殿后面为玉皇阁。玉皇阁又名“凌霄宫”、“玉皇观”。

原玉皇阁位于原水晶院北侧的山巅上，院落不大，但显得小巧玲珑，紧凑精干。

现在重修的玉皇阁气势恢弘，飞檐斗拱，金碧辉煌，和五爷殿、龙王殿浑然一体，构成乌金山诸多寺庙中规模最大的寺庙群。

玉皇阁东建有吕祖殿，里面供奉吕祖吕洞宾。吕洞宾是八仙中影响最大，传说故事最多的一个神仙。他的身份非同一般，而被道教全真派奉为北五祖之一，通称为“吕祖”。

玉皇阁西建有关圣殿，里面供奉“关帝”。关帝为道教俗神，又称关公，关圣帝君。原为三国蜀汉刘备的武将。传说关羽死后，头葬河南洛阳，身葬湖北当阳，人感其德义，岁时奉祀。宋崇宁元年（1102 年）追封忠惠公，后封义勇武安王。明初祀为关壮缪公，与岳飞同祀武庙，各地称关岳庙。万历

三十三年（1605 年）封三界伏魔大帝神威远震天尊关圣帝君。清康熙五年（1666 年）敕封为忠义神武灵祐仁勇威显关圣大帝。

站在高高的玉皇顶，真有君临天下之感。放眼远眺，千顷林海，尽收眼底，山岚蒸腾，茂林葱茏，令人飘飘欲仙，不能自已。垂目俯瞰，大千世界，历历在目，芸芸众生，熙来攘往，人生奥秘，一览无余。

太清宫

太清宫是乌金山国家森林公园内风景最美的一处道教寺院，原为宋代建筑。相传，宋代全真教掌门人王重阳曾路过乌金山，见此处山势俊秀，林木繁茂，实为道家修身养性的好去处。他有心在此开辟道场，但当年战乱纷起，教内见解不同，他才迫于政治压力，将道场设在了北京西山的白云观。但他为了日后有个退身之处，还是让门徒在乌金山修筑了太清宫。

现在的太清宫是在原址上重新修建的一处道教寺庙群。太清宫四周山高谷深，松柏环抱，古木参天，十分幽静。

新建的太清宫总占地面积 3267.7 平方米，建筑面积 530 平方米。

太清宫外景

太清宫位于水晶院东北的大青山顶，依山势而建，自南向北为山门、钟鼓楼、东西厢房、真武大殿、三清殿等。

进入山门，两尊力士立列两厢，他们就是著名的哼哈二将。这两位威武雄壮的神将狮鼻阔口，环眼横眉，手持法器，怒目而视，镇妖辟邪，尽职尽责，绝对不会给鬼祟留一丝一毫的情面。

跨过山门就是真武大殿，殿内供奉着真武大帝。真武大帝又称“玄天大帝”或“佑圣真君玄天大帝”，为道教神仙中赫赫有名的玉京尊神。道经中称他为“镇天真武灵应佑圣帝君”，简称“真武帝君”。民间也称其为“荡魔天尊”、“报恩师祖”、“披发师祖”等等。

真武大帝两旁有龟蛇二将侍奉。传说龟蛇二将是由真武大帝的腑脏幻化而成。当年，真武大帝修行的时候不食五谷，把肠胃饿得很不高兴，就在他的肚子里闹起了脾气，直把真武大帝闹得心烦意乱。一怒之下，他便将自己肚子里的肠胃掏出来扔在脚下。后来真武大帝修炼成仙，被他扔在地上的肠胃也沾了灵气，于是，其胃幻化成龟，其肠幻化成蛇，成为真武大帝身边的两个爱将。

真武大殿内壁彩绘有二十八宿。二十八宿又称二十八星或二十八舍。“宿”的意思和黄道十二宫的“宫”类似，表示日月五行在天上所处的位置。

真武大殿后为三清殿，三清殿分上下两层，上层供元始天尊、灵宝天尊、道德天尊三位尊神。三清指三位尊神所居的玉清、上清、太清三个最高仙境，也指居于三清仙境的三位尊神。即玉清元始天尊、上清灵宝天尊、太清道德天尊。

其中，“玉清元始天尊”在“三清”之中位为最尊，也是道教神仙中的第一位尊神。是道教开天辟地之神，为上古盘古氏尊谓，也称“原始天王”。元始天尊生于混沌之前，太无之先，元气之始，故名“元始”。

其次是灵宝天尊。他是道教最高神灵“三清”尊神之一，原称上清高圣太上玉晨元皇大道君。齐梁高道陶弘景编定的《真灵位业图》列其在第二神阶之中位，仅次于第一神阶之元始天尊。唐代时曾称为太上大道君，宋代起才称为灵宝天尊。

第三是太上老君，道教天神、教主，为三清之第三位。又称“道德天尊”、“混元老君”、“降生天尊”、“太清大帝”等。在道教宫观“三清殿”，其塑像居右位，手执扇子。相传其原形为老子。

三清殿下层供奉“四御”，四御为道教天界尊神中辅佐“三清”的四位神

仙，所以又称“四辅”。他们的全称是：中天紫薇北极大帝、南极长生大帝、勾陈上官天皇大帝、承天效法后土皇地祇。三清是宇宙万物的创造者，四御是统帅万物的万神者。

太清宫是乌金山环境最为僻静优雅的一处寺庙群，金碧辉煌的殿宇楼阁掩映在万绿丛中。游人至此，仿佛踏入仙境，一时间凡尘为之一洗，精神为之一振，而顿感飘飘然与众仙一起悟道。“道可道，非常道；名可名，非常名。”是焉？非焉？

大佛台

弥勒大佛台指乌金山修复的佛教景观，位于九峰塔以南1000米处的龟背山顶。乌金山弥勒大佛由汉白玉雕琢而成，高9.9米。坦腹舒臂，仪态悠闲，乐呵呵坐在大佛台上，笑看人间万千情态。弥勒大佛台基座为三层，高5米。第三层为须弥座，前面浮雕为二十诸仙图，西面为十八罗汉，东面为十二圆觉，北面为十大明王，四角为四大金刚。从地面到佛顶共高14.9米。

弥勒大佛形象为中国传统大肚弥勒像。所雕的弥勒佛像倚坐于高台上，光头现比丘相，双耳垂肩，脸上满面笑容，笑口大张，身穿袈裟，袒胸露腹，乐呵呵地看着前来游玩进香的人们。人们见此像，往往受他那坦荡的笑容感染而忘却自身的烦恼。很多寺院的弥勒殿还有这样一副对联：“大肚能容，容天下难容之事；开口便笑，笑世间可笑之人。”它既是对弥勒佛宽宏大量、乐观豁达形象的一种描述，也表达了中国人对待生活的一种态度。仰望大佛，除了一份虔诚的祈祷，更能寻求到一种快乐，一种洒脱，一种释然，弥勒大佛会给您留下最美好、最难忘的回忆。

据佛经记载，弥勒佛原是印度婆罗的贵族，后为佛家弟子，释迦牟尼预言其日后必为自己接班人，是“未来佛”。现在的大肚笑弥勒造型在佛经中是没有的。传说，中国五代十国后梁时，明州奉化（今浙江奉化）矮胖和尚契比长相奇特，肚大无比，举止疯癫，常背一个百物俱全的大布袋，时人称“布袋和尚”，临终时留下一偈语：“弥勒真弥勒，分身百千亿，时时识世人，世人总不识。”据此而认定他是佛祖在世时旁听佛法的“弥勒佛”，在中国民

大佛台

间据此逐渐演变为我国寺庙常见的“大肚弥勒”佛形象。“布袋和尚”弥勒是中国传统文化与外来文化相结合的一个生动创造，他那乐呵呵的形象，给人一种开朗、坦荡、乐观情绪的感染，而那只布袋则更令世人浮想联翩。后人称赞说：“行之布袋，坐也布袋，放下布袋，何其痛快！”布袋所装唯“名利”二字，放下布袋就是人生最高的境界。

游人至此，面对笑呵呵的弥勒大佛，会顿悟许多人生的哲理。

罗汉阁

出乌金山水晶院山门西侧，依托山壁建有罗汉阁。阁为卷棚出廊结构，分五层，山墙上刻有《金刚经》，一、二、三、四、五层以浮雕形式列五百罗汉群像。阁顶建有观音亭。取五百罗汉朝观音之意。

罗汉即阿罗汉的简称，最早从印度传入我国。罗汉的形象一般都是出家比丘相，头部无须发，身着袈裟，全身无任何装饰，或坐或立，栩栩如生，是佛教各类造像艺术中最为朴实无华的一种。

五百并非确数，印度古代惯用“五百”、“八万四千”等来形容众多，和我国古人用“三”或“九”来表示多数很相像。五百比丘、五百弟子、五百阿罗汉，在佛教经典中是常见的，但并不意味着是固定的数字。五百罗汉是指跟随佛祖听法传道的众多弟子，五百罗汉是从历史上的十六罗汉演变而来。佛教认为，罗汉是一个人修行功夫的果位。在小乘佛教中，罗汉等级最高。而在大乘佛教中，至高无上的是佛，然后是菩萨，再次是罗汉。大乘佛教认为，阿罗汉的果位次于菩萨，为协助佛和菩萨普救世人，所以多多益善，遂有五百罗汉之称。

尽管在大乘佛教中罗汉的地位较低，但罗汉在中国人心目中却有着特殊的地位。人们认为他们是吉祥与力量的象征，因此，罗汉在中国早已是家喻户晓。实际上罗汉的果位也是几千年来儒家提倡的以慈善为本，讲究忠恕之道的一种体现。《西游记》里唐僧的原型玄奘也是五百罗汉之一。

罗汉阁

罗汉阁顶上建有一座游园，游园里建有观音台，台上供奉的是水月观音。水月观音为汉白玉造像，高 6.6 米。一般认为画成或者塑成正在观看水中月影的观音形象就称作水月观音。

佛经中说观音菩萨有三十三个不同形象的法身，水月观音是其中的一个。水月观音又称“水吉祥观音”或“水吉祥菩萨”。其形象有多种，有一种是站在莲瓣上，莲瓣漂浮在海面上，观音正在观看水中之月。

游园里观音台旁建有水池，水池里清波荡漾，每逢月夜，一轮皎月倒映池中，观音凝目于水中之月，恰到好处地烘托了水月观音的形象。

乌金山罗汉亭供五百罗汉，浮雕中的罗汉形态各异，栩栩如生。站在罗汉亭前，你会被众多罗汉的朴质无华和正直无邪所感染，他们就仿佛是一面面镜子，映照着人世间的种种邪恶与不平。站在罗汉亭前，人们如果能从这些疾恶如仇的罗汉形象里汲取些许正义的力量，那就再好不过了！

九龙壁

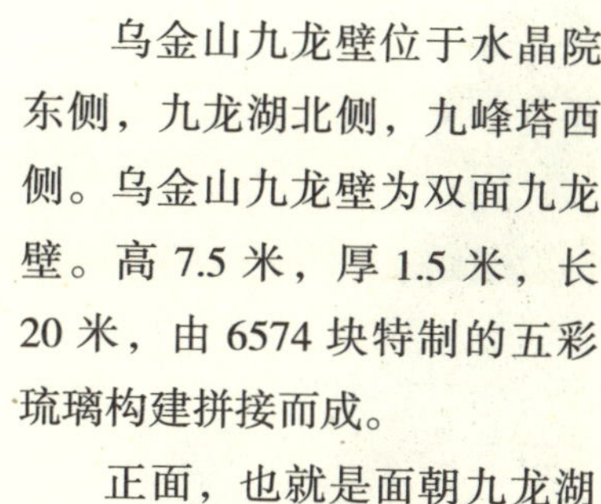

乌金山九龙壁位于水晶院东侧，九龙湖北侧，九峰塔西侧。乌金山九龙壁为双面九龙壁。高 7.5 米，厚 1.5 米，长 20 米，由 6574 块特制的五彩琉璃构建拼接而成。

九龙壁

正面，也就是面朝九龙湖的一面，均匀协调地分布着九条飞龙，飞龙气势磅礴，飞腾舞动之势跃然壁上。正中的一条龙是九龙的中心，它龙头向前，龙尾摆动，鳞光闪耀，栩栩如生。主龙两侧的两条龙相互对称。每条龙的间隙处由山石、水草图案填充，互相映衬烘托，使画面极其生动活泼。

背面，也就是临路的一面镶嵌着九条团龙，形态各异的团龙好像在云间翻腾滚动，形象十分生动。

壁顶覆盖琉璃瓦，上面雕刻有二龙戏珠图案。顶下由琉璃斗拱支撑，斗拱板为祥云浮雕图案。壁底为须弥座，须弥座下雕有 1.8 米的行云流水图案，云在上，水在下，九龙头镶嵌其间，龙头口吐清泉，泉水先滴石槽，再从石槽直泻池下。

九龙壁前修筑一个倒映池，池内水波荡漾，壁上九龙倒映水中，就把静态的龙变为动态的龙，可以说构思巧妙，匠心独运。每当朝阳升起，九龙壁就被涂上一层耀眼的光辉，巨龙就像冲破云雾，腾身飞动起来，十分壮观。

在各地的九龙壁中，双面九龙壁还不多见。

九峰塔

九峰塔是在曾经毁于战乱的魁星阁遗址西100米处的山顶上重建而成。从原址基础判断，原先魁星阁的规模远远不能与现在的九峰塔相提并论，但魁星阁也有自己的独到之处。原魁星阁呈方形，第二层四面留有月亮门，魁星位于正中。据传，魁星底座装有机关，可以旋转。山风袭来，魁星便可转动。景致虽简，趣味却奇，建造者的巧思可见一斑。

九峰塔

过去的魁星阁因供奉“开文运点状元”的魁星神而名声远播。方圆百里的莘莘学子为了考取功名，都要来魁星楼顶礼膜拜，祈求在考场上得到魁星神的帮助，以使自己日后金榜题名。后来魁星阁毁于战乱，只留下一片残垣断壁。

改建后的九峰塔共九层，高33.9米，底层直径21米，顶层直径6米，外檐呈八角形，塔体呈锥状，其建筑风格舒展大方，十分壮观。

九峰塔内供文昌星，也称文昌帝君，相传他是主管考试、命运，及助佑读书和撰文的神灵，也就是天上专门管理人间读书人文运以及求取功名的一位官员。

登上九峰塔，可北望太清宫，西观水晶院，南眺九龙湖，东瞰大洪山，四周景物一览无余，真乃一块风水福地。

榆次是个人杰地灵的地方，历史上曾经出现过许多名人，当今更是人才辈出。重修九峰塔，是为了更好地激励青年一代效法先贤，好学上进，学有所成，将来报效祖国。九峰塔将把成绩卓越的榆次学子的姓名刻于塔内的“学优榜”以示奖掖，并以此激励后学。九峰塔还将把卓有建树的榆次各界名流的姓名载入“乡贤榜”，以资后世效仿。

天缘谷

天缘谷生态文化走廊位于水晶院东的天缘谷中，谷中有天缘石。此处景观因后汉高祖刘知远与昭圣太后李三娘结缘而得名。

刘知远系乌金山南10里的西左付村人。有一次刘知远于晋阳城南牧马，一马惊奔，刘知远追至榆次鸣李村边，见井台上有一年轻貌美女子正在井边汲水渍麻，她就是民女李三娘。二人一见钟情，于是刘知远和李三娘便经常到乌金山一山谷中幽会，并在谷中一山石旁私订终身。那时，刘知远只是兵营里的一个小军官。后来刘知远当了皇帝，李三娘便成为昭圣太后。于是，后人给刘知远和李三娘结缘的山谷取名为“天缘谷”，并给他们私订终身的那块山石取名为“天缘石”。

皇帝结缘之处自然有了灵气，若干年后，无水少土的天缘石缝中竟然长出了大中小三棵松树。于是后人将三棵树分别赋以名分。最大的一棵松树叫做高祖松，次大的一棵叫做李后松，最小的一棵给了刘氏后代汉王刘承祐，称为刘王松。

这个传说是否真实不得而知，但天缘石上现在也长有一棵松树却是事实。

天缘谷长2.3公里，谷中幽静深邃，巨石丛生，并有多幅名人摩崖石刻。游人从水晶院东侧入谷，沿着一级级青石台阶进入谷中。路两旁苍松蔽日，草木葱茏。百鸟在林间唱和，松鼠在枝头跳跃，清风徐来，

天缘谷入口 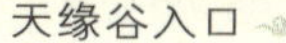

天缘谷石刻

松涛阵阵，让人觉得仿佛进入人间仙境。游人一路上不仅可以感受深林幽谷的独特风韵，还可游览寺僧圆寂的塔林，以发思古之幽情；观看刘知远和李三娘结缘的怡心园、天缘桥、龙凤亭、结缘台、饮马泉，以察古人之情怀；还可欣赏千年古井、黑龙池、大慧石等景观，以感神话之魅力。进入天缘谷的路旁侧栏上雕刻着中国历代名人的肖像，更为天缘谷增添了许多文化气息。

镇寿寺

镇寿寺（也称正寿寺）位于水晶院东两公里处的大洪山山坳里。该寺最早建于隋末唐初，据民国《榆次县志》记载："镇寿寺正殿塑佛菩萨宗像极精工。"镇寿寺建有观音殿、千佛殿、大雄宝殿等。殿中千手观音、六臂哪吒、千佛塑像，神态逼真，有很高的艺术价值。殿东北隅石洞门上署"幽冥洞"三字，洞内现存10尊宋代石佛造像，石佛雕工十分精美，现保存完整的仅有3尊。

镇寿寺遗址

相传，被唐太宗李世民赐号为"空王佛"的田志超就曾在这里修行。起初，镇寿寺规模极小，是田志超在此修行期间化缘重修，此寺才得以扩大，以致千年以后的今天，我们仍能从其遗址判断出镇寿寺的规模。

镇寿寺周围苍松遮天，翠柏蔽日，百鸟唱和，真如仙境，曾百年香火不断。可惜在"文化大革命"中此寺被当做四旧而拆毁，现在只留下幽冥洞以及洞中的石佛。

镇寿寺残留的珍贵文物除了幽冥洞里的石佛以外，还有11通石碑，其中一通是清代乾隆年间修复该寺时立的碑，碑文记载了原先镇寿寺的规模以及当年这里香火胜极的情景。而今日碑上的字迹依然历历可辨。

此外，寺中有两株千年古松，形如龙凤，人们称之为"龙凤松"。

和合寺

和合寺位于乌金山西南的中林山上，寺内供和合二仙。

和合寺依山而建，共分四层，自下而上第一层为石券窑洞式禅房四间。第二层为和合寺大殿遗址。第三层为两套间地窨式石砌闭关洞。第四层为观音堂遗址。由此，和合寺规模可见一斑。

“和合”是指和睦和顺及相亲相合的意思。“和合二仙”是神界中管理人世间人际关系和男女情缘的神。

和合寺遗址

传说很久以前有兄弟俩，一个叫“寒山”，一个叫“拾得”，二人本是文殊菩萨与普贤菩萨转世。玉皇大帝为了考验他们两人，就变了一位叫白莲的女子下得凡界，而且让兄弟两个同时爱上这个女子。当哥哥寒山发现弟弟和自己的未婚妻是一对恋人后，于是便割断尘缘出家当了和尚。等弟弟发现哥哥走失而千辛万苦找到哥哥并得悉他出家的真相后，也跟着哥哥遁入了空门。

“寒山”和“拾得”经受住了玉帝的考验，玉帝就想把他们封为“和合二仙”，于是就征求如来佛祖的意见。但如来佛祖竟说应封“万回”为和合二仙。据说万回的哥哥远赴战场，父母因为挂念他而终日啼哭，于是万回就只身前往战场探望兄长。两地相隔万里之遥，他竟因为惦记父母而朝去夕归，故名“万回”，民间俗称“万回哥哥”。

如来和玉帝的意见不一致，于是玉帝想出一个办法，佛家供万回为“和合之神”，道家供寒山、拾得为“和合之仙”。清代雍正时，曾封寒山、拾得为“和合二圣”，民间亦多以此二人为“和合二仙”。

以上的传说都体现了中华民族相亲相爱的传统美德，故深受人们的喜爱。

榆次中林山的和合寺所供奉的“和合二仙”就是“寒山”和“拾得”。

和合寺内有一大石，石上有九个石窝，形如海碗，窝内常年蓄水，人称九莲灯。传说夜深人静，有九仙女自水中出，歌舞于石上。

和合寺现已损毁，但大石犹存，供人凭吊。

和合寺周边生长有万亩柏林，此处柏树树干纹理多为左扭，人们称此种柏树为“左扭柏”。

华严寺

华严寺是中国佛教华严宗的祖庭。

乌金山华严寺（又称紫严寺）位于水晶院东的紫金山上，此庙始建于唐初。相传是唐代佛教传播人李通玄悉心诠释《华严经》的地方。

李通玄是唐高祖李渊的叔叔。据说此人不喜欢参与政事，而一心向佛。因为李通玄一向豁达慈爱，学问又好，唐高祖李渊称帝后，曾多次请他出山帮助署理朝政，但都被他婉言谢绝。为了避免世俗应酬，他便隐姓埋名，来到山清水秀的紫金山一座简陋的石窑中，悉心研究佛教经典《华严经》。

乌金山下有个庞梁村，村里有一个乐善好施的财主名叫庞全。他久慕李通玄的学问，不时上山请教，二人脾性甚是相投。庞全就出资在紫金山上修了一座寺庙，取名为“华严寺”，专门供李通玄在寺内研读《华严经》。

华严寺有正殿五间，其中三间塑如来三世佛像，两边间各为禅房，李通玄的茶饭都由庞全供应。就这样，他不仅详细批注了《华严经》，还撰写了佛教汉传名著《新华严经论》四十卷，《华严经中卷大意略叙》一卷及《华严经修改第二章疑论》四卷。

榆次紫金山华严寺之所以赫赫有名，与李通玄数年如一日，在这里精心研读和著述有很大关系。

紫金山华严寺曾供有李通玄的神位。

华严寺遗址

张彪祠堂

张彪祠堂

张彪祠堂位于乌金山脚下的西左付村，面临碧波荡漾的明珠湖，为二进院落，系张彪晚年归乡修祖茔时所建，至今保存完好。张彪祠堂于1988年公布为市（区）级文物保护单位。这座祠堂是清代末年，湖北提督张彪亲自设计并监督施工建造，民国年间完工。祠堂坐北朝南，占地面积约1900平方米，建筑面积约600平方米。二进院布局，建有祠门、过厅、正厅及耳房等建筑，共计24间。祠门五间三门，进深四椽，单檐歇山顶，五檩前廊式结构，方形抹棱石柱，

柱础双层，下层为如意花变体，上层为宝装舌状花瓣，整体建筑保存完整。

张氏宗祠为典型的民国时期建筑，集南北建筑风格于一体，布局严谨，结构中规中矩，用材考究，装饰构件精美，体现了民国时期建筑的风貌，并有山西的地方特色，

张彪，字虎臣，榆次西左付村人。童年家境十分贫寒。很小的时候，张彪就失去了父亲，以从煤窑上运煤挣钱养活自己和母亲。9岁时母亲去世，由于家中贫寒，无钱出丧，只得把母亲就近掘土埋葬。

光绪六年（1880年），张彪到了太原，投补抚标兵额，参加了武童试，被选为“戈什哈”。当时，张之洞任山西巡抚，把他选拔为随身侍卫。不久又把身边的婢女认作义女嫁给了张彪，并且把张彪当做自己的心腹。从而奠定了其47年的行伍历程。由于张彪本人的才干，再加上张之洞的提携，由小小侍卫升至湖北提督，建威将军之职。民国政府成立后，又被聘为高等顾问，授陆军中将头衔，一等大绥嘉禾章，成为清末民初军界政坛名人。

张彪祠堂规模宏大，与车辋“常氏祠堂”、六堡“贾继英祠堂”齐名。张彪祠堂内原有慈禧太后、光绪皇帝赐给的半副銮驾，以及各大臣赠送的匾额。“文化大革命”期间，祠内存物被洗劫殆尽。祠内现存有张彪画像等。

避暑山庄

孔祥熙避暑山庄位于水晶院东的大青山，与水晶院相对而望。

孔祥熙为山西太谷人，系孔子后裔。与蒋（蒋介石）、宋（宋子文）、陈（陈果夫、陈立夫）并称为民国四大家族，曾任民国政府财政部长。传孔祥熙虽然政务缠身，但故土难忘，遇有机会便回故乡小住。但太谷夏季十分炎热，位高权重、富可敌国的孔祥熙自然难以忍受，就想在离省府太原和家乡太谷不远处找一个凉爽的地方，修一处房舍，以供其躲避酷暑。他的属下为他选了几个地方，但他都不中意。五台山虽说凉爽，但离省城太远；晋祠离省城较近，但悬瓮山风景不佳。最后他的属下从《榆次县志》上发现如下记载：“乌金山林木丛蔚，为全县清凉胜境……中外人士多避暑于此。”便以此报孔祥熙。孔祥熙便亲临乌金山进行实地考察。果然，这里峰峦叠嶂，茂林如海，

避暑山庄

云蒸霞蔚，山风习习，的确是一处清凉胜境。更让孔祥熙心动的是，这里寺庙林立，暮鼓晨钟，越发触动了他的文人情怀。于是他便决定在水晶院对面的大青山建造自己的行宫，这就是后来的孔祥熙避暑山庄。

寺僧塔林

乌金山遗留下来多个寺僧的墓塔，每一个墓塔都埋藏着一个动人的故事。其中最为著名的有两个，其一是剁手和尚塔，其二是金指和尚塔。

剁手和尚墓塔位于乌金山砖窑地，即水晶院西崖上，游园东侧。现重修墓塔，特塑剁手和尚汉白玉塑像，以示特别纪念。

剁手和尚乃隋末唐初人，是水晶院寺庙的开山师祖。相传他曾是一个来自五台山的云游和尚，曾经遍访北方的山川林地。有一天他来到乌金山水晶院的原址，发现这里三面环山，一面临谷，背风向阳，气象庄严，有龙脉之征。且山地之上，岩石光洁，目光所及，林木苍郁，深谷幽境，云蒸霞蔚，股股清泉从喷云吐雾的岩洞中溢出，漫坡细流，淙淙有声，好一处清凉胜境，福地洞天。此情此景，使四大皆空的云游和尚顿生倦游之感，便决定建寺久住清修。为了建寺筹资，不惜剁手化缘以表诚心。经过艰苦努力，水晶寺终于落成，但他却心力交瘁，猝然而亡。善男信女感其功德，遂将他厚葬于游人必经的路旁，并在他的墓上修亭树碑，以资后人参拜。

金指和尚墓原位于镇寿寺以南山脚下的路旁，为七层八角石塔，人称金指和尚塔。

金指和尚原是镇寿寺住持。传说西天王母娘娘赴八仙盛宴回宫途中，见下界一座山林风光秀美，山中寺院香烟缭绕，心中甚喜。遂化作一贫穷民妇，到山上赏景游玩。此时正值王母身怀六甲，不想游玩劳累，动了胎气，即刻就要临盆。王母想试试镇寿寺住持向佛的诚心，便径直来到寺院求助。寺院住持虽然是出家人，但他不能见死不救，并不因民妇衣衫褴褛而怠慢，便在禅房安床备盆，尽心尽力伺候民妇产下一女婴。和尚用自己的袈裟将女婴包好，放在民妇的身旁。随即和尚将血盆端出，并想洗掉自己手上的血迹。但他惊奇地发现，自己的十指竟变

塔林

原敦崇礼墓

成了金指。这一惊非同小可，他立即回到禅房，但房间已空空如也。和尚知道遇到了上界的神仙，赶紧朝天叩头膜拜。此后更加专心修行，终成正果。该传说已经流传百世，至今不衰。

敦崇礼墓

乌金山水晶院东50米处的送神坪上有敦崇礼墓。

敦崇礼（Moir Dunkan），1861年生于苏格兰一个贫苦的家庭。1888年，敦崇礼以浸礼会传教士的身份来到中国，先在太原传教并学习汉语，继而到陕西传教，后又避祸于汉口。在陕西期间，地方对其有“名誉籍甚，颇恰时望，其地官绅，交口颂之”的评语。

1901年7月，敦崇礼受山西大学创办人李提摩泰的委派，同叶守真、文阿德等8位教士来太原办理山西教案执行事宜，并被聘为山西大学堂（山西大学前身）西学专斋总教习。其间，敦崇礼对校务尽心竭力，事必躬亲，并卓有建树，受到师生的拥戴。

1905年，苏格兰格拉斯哥大学因其对教育鞠躬尽瘁，成绩卓著而授予进士学位。

敦崇礼在山西大学西学专斋工作期间因身体状况欠佳，曾多次到林木葱郁的乌金山疗养，并居住在水晶院寺院。1906年8月，敦崇礼因病情加重而终于不治，在乌金山水晶院与世长辞，享年45岁。其辞世时任山西大学堂西学专斋第一任总教习。根据敦崇礼生前的遗愿，他的遗体被埋葬在风景秀丽的乌金山送神坪上，山西大学堂西学专斋在敦崇礼墓地上竖有一座欧式墓塔以作纪念。这次开发中，为更好地保护这一遗存，特在九峰塔下西南部位另辟新址，新建墓葬，移迁棺椁，让更多的游人瞻仰这位为中国近代教育事业做出突出贡献的外国人士。

第三节 名人与遗存

名人传略

刘知远

刘知远（895—948年），先祖是少数民族沙陀部人。大唐中和初年（881年后），刘知远的父亲带领全家迁居到榆次乌金山镇西左付村，以后他的母亲安氏就生下了他和刘崇信及异父弟慕容彦超。

刘知远年轻的时候不爱说话，生得一副古铜色的皮肤，眼睛瞳仁特别大，让人一看就觉得气度不凡。

刘知远16岁投军，有一次在晋阳南郊区放马，遇到鸣李村农家女李三娘，他当时就被李三娘的美貌所吸引，于是与李三娘结为夫妇。后来刘知远归附了石敬瑭，在晋王李克用部下服役。

后梁龙德二年（922年），李克用的部将李嗣源与梁朝将领戴

刘知远

思远在德胜地方作战。在这次战斗中，李嗣源的部将石敬瑭的坐骑马甲断裂，情况十分危险。在这危急关头，刘知远把自己所骑的马让给了石敬瑭，并且步行保护他返回营地。这以后他就得到了石敬瑭的重视。

后唐同光四年（926年），李嗣源继承了后唐的皇位，也就是后世所称的唐明宗。石敬瑭是明宗的女婿，这样一来也就跟着他的老丈人显贵起来。

长兴三年（932年），石敬瑭当上了北都（太原）的留守，同时兼河东节度使，大同、振武、威塞等军番汉马步总管，就把刘知远提升做了都押衙。

应顺元年（934年），潞王李从珂造反。闵帝李从厚出奔卫州，遇上了石敬瑭。闵帝李从厚向石敬瑭问平叛之计，石敬瑭长叹不语。闵帝埋伏了甲兵要杀石敬瑭，幸亏刘知远率领兵马及时赶到把他救了出来，才保得平安。也就是这一年，潞王夺得了皇位并称末帝。末帝怀疑石敬瑭有异心，就下旨调任他为天平节度使。石敬瑭称自己有病不能赴任。刘知远劝石敬瑭说："明公久将兵，得士卒心，今据形胜之地，士马精强，若称兵传檄，帝业可成。"

于是，石敬瑭就向契丹求援，答应自己要向契丹称臣，尊契丹为父，同时还要割让燕云十六州给契丹。这时，刘知远劝说石敬瑭："称臣还可以，像对待父亲一样太过分了，多给金银财帛贿赂他可以，但不能答应给他们土地。那样一来，日后就会给国家带来祸患，后悔也来不及。"石敬瑭没有听从刘知远的劝说。

末帝得到石敬瑭叛乱的消息，就派兵包围了晋阳。石敬瑭让刘知远做马步军都指挥使抵御唐兵。时隔不久，契丹的救兵也来到了，唐兵终于败走。这样，石敬瑭在刘知远的鼎力相助下夺得了天下。

石敬瑭称帝，为晋高祖。天福二年（937年），刘知远的官迁升为侍卫马步军都指挥使。天福六年（941年），石敬瑭让刘知远做北京（晋阳）留守，河东节度使。次年（942年），出帝石重贵继位，和契丹绝盟，拜刘知远为中书令，封太原幽州道行营招讨使，北面行营都防。

开运二年（945年），刘知远被封为北平王。次年（946年），契丹举大兵攻入汴州，晋朝灭亡。

开运四年（947年），刘知远在晋阳即位，更名刘暠，建国号为汉（史称后汉），刘知远就是后汉高祖。第二年（948年）刘知远崩，他的儿子承祐继位，改元乾祐。乾祐三年（950年），后汉灭亡。

李三娘

李三娘（约906—954年），榆次乌金山镇鸣李村人，出生在一个贫苦的农民家庭，从小勤劳能干，十来岁起就能够帮助父母耕田织布。那时，也就是刘知远刚刚参军还是一个小兵的时候，有一次他在晋阳南郊区放马，正遇上李三娘帮助家里做提水沤麻秸的农活，后来他就娶了李三娘为妻。不久，生下了一个儿子，也就是隐帝刘承祐。

清泰三年（936年），石敬瑭当上了皇帝，把刘知远加封为侍卫亲军都虞侯，同时领保义军节度使，李三娘被封魏国夫人。

开运四年（947年），刘知远在晋阳起兵建立后汉做了后汉的皇帝，想向百姓搜刮钱财，奖赏他的将士。李三娘规劝说：“陛下你是因为有了河东这一块基地才创下了大业，但你还没有给这里的老百姓带来什么好处，就对他们横征暴敛，这就不是一个新天子拯救百姓之意了。现在你可以把宫里的财物全部拿出去犒劳军队，虽然不够丰厚，但却不会引起人们的怨言。”刘知远采纳了李三娘的意见，于是就把内府积蓄的财物都拿出来赏赐给将士。由于没有给当地百姓加重负担，所以赢得了军民的拥戴，人们争着来归附他。

刘知远当上后汉皇帝，立李三娘为皇后。次年（948 年）正月，刘知远辞世，他的儿子刘承祐继承了皇位，称隐帝，册封他的母亲李三娘为皇太后。

隐帝刘承祐即位的时候才 18 岁，不知过问朝政，经常和不谋正业的郭允明、李业在宫中游戏。太后李三娘多次责备他们，让他们务正。隐帝却说："这是国家的事情，对外有朝廷负责，不是太后应该管的。"隐帝刘承祐没有听李三娘的劝说。

李三娘

乾祐三年（950 年），隐帝刘承祐与郭允明、李业谋划，要诛杀三名顾命老臣。太后李三娘知道了这件事后，极力劝说阻拦，使隐帝的谋杀没有得逞。

当年的十一月，隐帝终于杀害了顾命老臣中书侍郎兼吏部尚书同中书门下平章事杨邠、侍卫亲军都指挥使史弘肇、三司使王章及其家族，并株连了枢密使郭威的家属。郭威从河南邺城带兵造反，这时隐帝想引兵和郭威决战，太后李三娘阻止说："郭威本来就是我们家的人，不是他感到危险，怀疑朝廷，哪里会到了今天这种地步！现在如果按兵不动，发下诏书责问郭威是因为什么，郭威一定会有个说法，那样君臣各自的地位都可以保全。"

隐帝不听李三娘的劝说，一定要和郭威兵戈相向，终于兵败被杀，最终也招致了后汉的灭亡。

郭威引兵进入汴都，请太后临朝，像对待

自己的亲生母亲一样对待太后李三娘。

乾祐四年（951 年），太后李三娘诏告天下，推举郭威为帝（即周太祖）。郭威赐李三娘尊号为昭圣皇太后。

刘知远和李三娘的故事流传甚远，早在宋代的话本《五代史评话》中就有他们的记载。金代又有《刘知远诸宫调》，元代刘唐卿也作有《李三娘麻地捧印》杂剧（现已遗失）。后由永嘉书会才人根据以上传说所写的剧本《白兔记》，被称为宋元四大戏文。这些都为我们了解和研究刘知远和李三娘提供了一些途径。

田志超

田志超（571—641 年），俗姓田，名志超，榆次乌金山镇田家湾村人，后因涧河水患移居源涡。志超生于南朝陈宣帝太建三年（571 年），出身普通农家，从小聪慧过人，精励不群，稚量标远，有志于佛。17 岁参加乡试得第二名乡贡进士，但其无意仕途而一心向佛。次年，志超离家到乌金山镇寿寺世空和尚处当了善友。因多做善事，当地人称其为“田善友”。不久志超就到五台山削发为僧，随后又返回镇寿寺悉心修道。期间志超见镇寿寺狭小破旧，便化缘集资将此寺翻修一新。翻修过的镇寿寺建有观音殿、千佛殿、大雄宝殿等。此后志超即离寺云游四方，悉走南北大寺，遍访佛学大师，虚心以学，尽求完善，后又回到镇寿寺修行。直到 27 岁时，志超离开镇寿寺，到太原开化寺从师慈瓒禅师。寺中每有苦役，必身先事之，颇受禅师赏识。

志超在开化寺期间，曾受慈瓒禅师之命，赴河北定州“寻采律藏，括其精要，删其繁杂”。完成此行回到开化寺后不久，慈瓒禅师圆寂，志超又重返乌金山，依岩综习，悉心于佛事。此后志超即在太原之西北创立禅林。

隋朝初年，官府对佛教十分苛刻，号令全国各地关闭寺门，不许僧众进出活动。志超愤慨，并准备向炀帝进谏，便来到京师长安。但志超到长安以后被一些官员百般刁难予以阻挠，志超无法进入朝廷。后来他听说隋炀帝前往江都巡幸，志超便不辞辛苦跟随前往。但内史也以不敢破例为由，不为他引见。志超无奈，愤然返回故里，仍回乌金山镇寿寺。

义宁二年（618 年），唐高祖李渊称帝，志超率弟子 20 余人奉命到京城祝贺。高祖李渊非常高兴，待之若仙。拉着他的手登上太极殿，用最高规格的礼仪接待他。并让左仆射魏国公裴寂在家里特别腾出一处宅院供志超下榻。

次年，志超应蓝田山化成寺沙门灵润、智信、智光等高僧的邀请，前往蓝田山与其交流探求妙崇心学的心得。他们志同道合，一见如故，志超在蓝田山一住就是三年。

武德五年（622 年），志超返晋，在汾州介山抱腹岩禅定。并聚集禅侣，终日精研佛经，诲人不倦。介休县为他建光严寺，规模宏大，极其壮观。贞观十五年（641 年），志超坐化，享年 71 岁。宾主齐恸。后佛界对志超有“奉敬戒法，罕见其俦；护慎威仪，终始无替”的评价。唐代道宣撰《续高僧传》卷二十《释志超》中有“自隋唐两代，亲度出家者近一千人范师，遗训在所闻见传者”等语。

唐太宗李世民赐志超号为“空王佛”，成为我国佛教史上汉人成佛第一人。

盖聂

盖聂

盖聂，战国末期人，生卒年不详，祖籍榆次聂村。盖聂不是其名，是民间送给他的绰号。盖聂姓赵名成。相传赵成 15 岁那年，聂村、聂店两村在乌金山脚下开场比武，周围村庄观者甚众。两村几十名习武青年轮番比试，赵成技压群雄，得了第一。所以村人送他一个艺名叫做“盖聂”，即“武艺盖两聂”（聂村聂店）之意。

一说盖聂倾慕战国时期四大侠客之一的聂

政，因此自己取名为盖聂，取效仿并超过聂政之意。

盖聂是战国末期名闻诸侯的剑侠。

是时，卫国人荆轲颇喜读书、击剑。闻盖聂以剑术著称于世，遂不远千里到榆次拜访。盖聂坦诚相待，曾与荆轲一起游历风景秀丽的乌金山，并住在海窑院旧址，在现水晶院前小游园和现天缘谷大慧石处朝夕与之切磋剑艺。

但盖聂虽知荆轲非等闲之辈，但惜其剑术不精，便有意悉心指点，并全力教授。然而，他发现荆轲的志向似不在剑术，而是要学苏秦、张仪游说诸侯，日后佩带相印，因而习剑不在乎精。盖聂知其意在沽名钓誉，遂好言相劝，但荆轲不以为意，盖聂不悦，遂斥之以狂。当夜荆轲不辞而别，驾车自去。

《史记·刺客列传》载："荆轲尝游榆次，与盖聂论剑。"说的就是荆轲到榆次与盖聂学剑的这一段经历。

后来，荆轲被燕太子丹尊为上卿，托他借进贡之机，刺杀秦王嬴政。荆轲应允，遂在易水之滨与送行者燕太子丹和高渐离举杯诀别，并留下了"风萧萧兮易水寒，壮士一去兮不复还"的千古绝唱。但终因其剑术不精，行刺秦王不成而被杀，应验了其"不复还"的预言。

是时，侠客鲁勾践评论荆轲云："嗟乎，惜哉！其不讲于刺剑之术也。"如果荆轲跟随盖聂悉心学剑，荆轲刺秦王的历史或许就要重写。

张彪

张彪（1860—1927 年）字虎臣，榆次乌金山镇西左付村人。张彪从小就没有了父亲，家境十分贫寒。张彪少年，孤儿寡母尝尽了人世间的艰苦辛酸。很小的时候，张彪就以从煤窑上运煤挣钱养活自己和母亲。9 岁时母亲也去世，由于家中贫寒无钱出丧，他只得把母亲就近掘土埋葬。

母亲去世之后，张彪就离开家外出谋生。光绪六年（1880年），张彪到了太原，投补抚标兵额，参加了武童试，被选为"戈什哈"。当时，张之洞任山西巡抚。他见张彪身强力壮，又一表人才，于是就把他选拔为随身侍卫。不久张之洞又把身边的婢

张彪

女认作义女嫁给了张彪，并且把张彪当做自己的心腹。

光绪十五年（1889 年），张之洞升任两广总督，不久又调任两湖总督。张之洞在湖北任职时，正好赶上汉口地区发生了严重的水灾。张之洞为绝除水患，欲改修湖西堤防为大堤，便委任张彪为督修。张彪接到任务后，事必躬亲，“勤苦精密”，致使工程顺利竣工，扼制了水患。这项工程被当地人称为“张公堤”。随后，张彪又监督修建了武泰、武丰两个制水闸。这两项工程在张彪的监督下修得都非常坚固。

光绪二十三年（1897 年），张彪受张之洞的派遣，赴日本考察军事政务以及军营和枪炮等许多事项。通过这次考察，张彪的才能得到了很大的提高。

光绪二十六年（1900 年）后，张彪在湖北创建并训练鄂军，被授予“壮勇巴图鲁”称号，并委任他管理将弁学堂。他为学员“改编制，易章服，选择器械”，尽心尽力，因此被授予湖广督标中军副将衔。

光绪三十二年（1906 年），张彪升任四川松潘总兵官。就在这一年，朝廷把他创练的鄂军编为陆军第八镇，任命张彪为八镇统制官。这年秋天，朝廷南北两军在河南彰德府会操，张彪任南军总统制官。会操完毕，张彪因成绩显著被加提督军衔，并且总督办湖北全省的制皮、制毯、制呢厂等事务。

光绪三十四年（1908 年），南北两师再一次会操于安徽太湖县，会操完毕，清朝政府授予张彪“奇穆钦巴图鲁”，补授湖北提督，并总办湖北讲武学堂。

宣统二年（1910 年），湖南地区发生米荒，灾民酝酿暴动，张彪率领军队前往湖南镇压难民暴动。第二年，四川发生了激烈的护路风潮，清政府任命原直隶总督端方为川汉铁路大臣，钦差入川镇压。端方路经武昌，调遣大部分鄂军入川，致使张彪驻扎的湖北军力空虚。

原来，从光绪三十三年（1907 年）起，张彪所创建的鄂军即开始被一次又一次地调到其他地方去。安徽巡抚恩铭被刺后，鄂军的一部分被调到安徽省。之后，又有一部分调往岳州。辛亥革命前夕，武昌城里就只剩下了工程、辎重等兵种。

宣统三年八月十九日（即 1911 年 10 月 10 日）晚 8 时，武昌城里，工程兵第八营后队正目熊秉坤开枪示变，工程兵很快占领了楚望台军械库。随后，各路起义军进攻总督衙门，总督瑞徵逃遁。充任湖北提督兼陆军第八镇统制的张彪率领一千多名士兵与起义军展开了巷战，巷战一直进行了两天，难以抗拒人数众多的起义军，张彪于是就率领部队退出武昌，渡过长江退到汉口刘家庙一带。这时，清朝政府派出的陆军大臣荫昌以及冯国璋所率领的增援军队赶到，在刘家庙、大智门一带遇到了起义军。义军不敌，退出了汉口，扼守汉阳。张彪率领部队先行夺回了龟山炮台，然后又与援军一起占据汉阳，起义军被迫退回武昌。

南北双方议和后，清朝灭亡，民国政府成立，张彪卸职东渡日本。

民国元年（1912 年），张彪回国，在天津日本租界内买了 20 亩地，修筑了“张园”。张彪在“张园”里修建了一座三层大楼，命名为“平远楼”。

民国十三年十一月十八日（1924 年 12 月 4 日），孙中山偕夫人宋庆龄从上海抵天津住在张园 27 天，至十二月初六（12 月 31 日）离开，去往北京。

次年，也就是 1925 年，末代皇帝溥仪被赶出北京，与皇后婉容、淑妃文绣居住在天津张园。张彪每日为皇帝、皇后洒水扫地，以尽“事君”之道。

1927 年，张彪病故于天津。

张彪在民国政府成立以后，曾被民国政府聘为高等顾问，授予陆军中将军衔，并奖给一等大绶嘉禾章。

赵虎臣

赵虎臣（1897—1944 年），后化名赵选，榆次乌金山镇东左付村人。出身贫寒，自幼爱好武术，曾与东长凝人郑世恒，南沙沟人郑梦芝两位武术名家拜为结义兄弟。后赴天津比武，在榆次一带颇有威名。

民国 11 年（1922 年），赵虎臣投军入伍，任晋军第二路司令、陆军第十旅旅长蔡荣寿的马弁。民国 14 年（1925 年），国民军樊钟秀部队经峻极关攻入山西辽县，蔡荣寿兵败，赵虎臣即离开蔡的部队到口外做保镖。

民国 17 年（1928 年），赵虎臣到平定任教。民国 26 年（1937 年）初，赵虎臣入牺盟会，投身抗日救亡。是年冬，在平定县组建一支 140 余人的抗日游击队，任队长。11 月，率队参加了广阳伏击战。嗣后，他进入“晋中特委学习班”接受培训，加入中国共产党。当时，晋中特委在和顺县石拐村组成中共寿阳（路南）抗日县政府，赵虎臣为首任县长。他带领政府一干人，相继组建围后、景尚两个区政权和县警卫大队。8 月，调任河北省永年县抗日县长兼县大队队长，此时化名赵选。是年，国民党军队败退，日军于 10 月 8 日侵入永年县城近一个月，然后撤出，继续向南进犯。

日军撤走后，赵选带领干部发动群众，开展武装斗争，主动出击消灭土匪，全县局势逐渐好转。11 月，日军二次攻占永年城，赵选率领干部和部队撤退到城东开展游击战。随后转移到县北五湾、二庄一带重建根据地。

当时财政极其困难，赵选亲自掌管财务，节衣缩食，以 140 元经费竟能支持 30 余人 4 个月的开支。其间，他的部下从来没有拿过群众一针一线。赵选病倒，群众送他一只鸡，他立即让警卫员退还。他身体虽然有病，但依然辛勤工作，宣传组织群众抗日剿匪，一举歼灭了欺压勒索百姓的两股“黑团”势力，并将缴获的白面、肉类、粉条等物资分给当地群众。“黑团”头目被镇压后，群众称赞赵县长：“比旱天下了四指雨还好!”

韩麟符

韩麟符

韩麟符（1900—1934年），原名致祥，字瑞五，笔名小工、蜂子、岚光等，榆次乌金山镇苏村人，中国共产党早期革命家。韩麟符早年入天津南开中学学习。五四运动时，他以天津学联主席的身份领导天津学生运动，与周恩来相处甚密，在学生界德高望重。并曾主办《新生》、《向明》等刊物。

民国10年（1921年），韩麟符入北京大学文学系学习，结识了李大钊，由李介绍加入中国共产党。并在李大钊的领导下先后到北京蒙藏学院宣传马克思理论。云泽（乌兰夫）、奎壁等人均由韩麟符与李勃海介绍加入中国共产党，并建立了内蒙地区第一个党支部。

韩麟符也常前往天津开展工作，并于民国13年（1924年）创建了社会主义青年团天津地方执行委员会，韩麟符任主席。

中国共产党第三次全国代表大会以后，遵照会议决定，韩麟符以个人名义加入了国民党，并以北方区代表的名义，同李大钊、张国焘参加了国民党“一大”，韩麟符被选为国民党候补执行委员。孙中山逝世，治丧委员会派韩麟符为第一组守灵人之一。

民国14年（1925年），韩麟符遵照中央北方区委指示，组建中共热河工作委员会。当年10月，西北农工兵代表大会在张家口召开，麟符被大会代表推举为副书记（书记为李大钊）。之后，他又被派到冯玉祥的部队中从事统战工作。他征得中共北方区委的同意，当年冬天建立起三个骑兵纵队，其中除第一纵队外，第二、第三纵队司令均由共产党员担任。

民国15年（1926年）1月，韩麟符参加了国民党“二大”，再一次当选候补中央执行委员，并任黄埔军校教官，常到广州农民运动讲习所讲课。7月，国民革命军誓师北伐，麟符随国民政府到武汉工作。

在第一次国共合作期间，韩麟符出任过全国童子军总司令。此后，他又参加了八一南昌起义，担任部队党务委员会委员，并随总指挥部南下广州，在潮汕地区遭遇国民党军队围攻而与指挥部走散。嗣后回到天津找到顺直省委。

民国17年（1928年），韩麟符与郑丕烈到热河潮阳县潮阳寺一带活动，组织农民自卫组织——联庄会，准备举行暴动，被热河省政府主席汤玉麟发觉，遂派武装部队搜捕，农民暴动中途夭折。

民国18年（1929年），军阀石友三委托其参谋长杜真生购买25万元的军火武器。韩麟符提议“军阀的钱是取之于民的，用做革命经费是不伤大义的”。于是他与陈镜湖、杜真生将这笔款拨给中共天津地下党一部分，并在天津开了书店，修复了“大光”、“渤海”两个电影院，以解决党的活动场所和经费。

民国20年（1931年），韩麟符在天津法租界与杨兴华举行婚礼，由于叛徒出卖而被捕入北京草岚子监狱。过了两年，由国民党第四十一军军长孙殿英力保出狱，任该部队少将政训处长，并组织学生队。热河沦陷后，劝阻孙殿英进攻抗日同盟军，撤至包头一带驻防，并带领学生队宣传抗日救国主张，着手组织农民武装。韩麟符劝孙殿英率部进西部开垦，创建根据地。民国23年（1934年）1月，孙军进攻银川等地，麟符指示学生队离开孙部以保存力量，动员孙殿英部下某营营长田味民（中共党员）赴陕北与刘志丹会合。3月，孙殿英部惨败，韩麟符携妻子回故乡榆次苏村避居。

此时，与韩麟符同时出狱的郑丕烈早已叛变，在特务戴笠手下任职。闻蒋介石悬赏50万元捉拿或处死韩麟符，便经南京特务系统介绍，化装成珠宝商人来到榆次苏村，麟符在村头小庙前遇刺身亡，年仅34岁。2006年，榆次区委、区政府在其墓地修建了韩麟符烈士陵园，以示纪念。

韩麟符一生还勤于写作，著有《老子道德经新解》一书，其他著述散见于《大公报》、《益世报》等报刊。1934年，在《国闻周报》上以“决圣”的笔名著文抨击时政。

高国杰

高国杰（1921—1943年），化名康立斋，榆次乌金山镇鸣谦村人，农家出身。17岁时，目睹日军在鸣谦、小南庄烧杀抢掠的暴行，愤恨难平，意欲从军报国。翌年秋，终于说服父亲，奔赴榆次路北县佐公署参加革命并加入中国共产党。不久调榆次路东，先后任牺盟会工作员，区助理员，一区区长，四区副区长之职。他爱憎分明，工作出色，善文能武，深受领导器重和群众爱戴。

民国32年（1943年），日军为了逮捕高国杰，曾到他家中搜索骚扰，并捕其父高全蛮做人质，欲使高国杰就范。幸得亲戚周旋，以200银洋买通汉奸，其父才幸免于难。事后，日伪报纸刊登了全蛮一家与国杰脱离关系的声明，而国杰抗日意志逾坚。

是年，出于工作需要，国杰由一区区长调任四区任副区长。四区当时为游击区，环境复杂恶劣，但高国杰毫无怨言，欣然就任。是年夏收期间，国杰几次赴北赵村征夏粮款，该村雇佣村长李广裕（南合流村人）与副村长李明俭一再拖延，并暗设圈套，让国杰于农历六月十二日去取款，暗中派郑应元向驻长凝日军告密。是日，国杰按照约定只身来到北赵村，李广裕又以粮款未齐拖延。入夜，日伪军突然包围了北赵村，等国杰发觉已为时太晚。国杰自知不得脱身，便出村公所持手枪还击。不料枪出故障，遂索性徒手扑向日伪军，奋力搏斗，使敌人不能近身。不料李广裕从背后向国杰击一闷棍，国杰昏倒被擒，随即他被押回长凝炮楼地下室。初，国杰绝食，送来饭菜被打翻。后得乡亲规劝，始进食。日军又以美女引诱，被国杰痛骂而去。

日军知国杰难以软化，却又急于从国杰口中得到区上真情，遂施以严刑逼供。用辣椒水灌，红火箸烫，而国杰始终横眉怒目，威武不屈。期间，日军又逼国杰一亲属来劝降，国杰叱问日军："你们的报纸登过消息，他们早已和我脱离关系，还有什么亲属可言？"日军小队长瞠目结舌。

农历六月十八日，日军将国杰押至东长凝大槐树下，村民也被驱赶至此。四周戒备森严。国杰面对父老乡亲，高声慷慨陈词："北赵的村长、村副是汉奸，转告抗日干部要提防着！"

日军小队长抽出洋刀对准国杰，指令身边的翻译再次劝降。国杰厉声道："我高国杰至死不做亡国奴！抗战必胜！日本鬼子的日子不长了！"

日军用铁钉将国杰的双手钉在树上，国杰骂不绝口。一群日伪军端刺刀向国杰猛刺，国杰壮烈牺牲。日军小队长假惺惺地向国杰遗体前供水果数枚，野花一束，说："支那人的精神，大大的佩服。"

事后，郑应元被抗日干部枪决。时隔不久，李广裕窜回南合流村，被四区分委书记杨通活捉，就地处决。并将国杰遗体葬于北赵村，在路东根据地集会悼念。新中国成立以后，国杰遗骨被移回鸣谦村，并树碑勒石。

1952年，榆次县人民法院将李明俭押赴东长凝枪决。

志村琉璃塔

历史遗存

新石器遗址

流村、峪头、苏村古文化遗址：位于乌金山镇流村、峪头村、苏村一带，为新石器古文化遗址，发掘有红陶、灰陶、彩陶等。

后沟古文化遗址：位于沛霖以北后沟村东

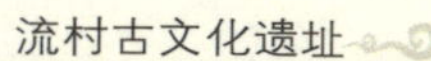

流村古文化遗址

半坡上，发掘有古陶窑、灰陶片等。

四甲坪古文化遗址：位于乌金山四甲坪，东西宽1500米，南北长2000米，属新石器时期遗址，发掘文物有红陶、彩陶等。

古战场遗址

位于乌金山之卧虎山。唐末，沙陀人李克用进攻太原，与振武军节度使契芯璋战于此，这里为著名的古战场。

孟良古寨，位于乌金山西北，平地泉村正东之佛移山，相传为北宋时抗金名将杨延昭的部将孟良驻军的地方，后人称此山为孟良山。

古驿站遗址

鸣谦（今乌金山镇政府所在地）古为驿站，居京省官道要冲。明洪武三年（1370年）鸣谦建驿馆，天顺（天顺元年为1457年）初，增建了周长三里的驿城。嘉靖二十年（1541年），俺答大掠榆次近郊，鸣谦驿遭到严重破坏。次年，重新修复了城墙。清代，康熙帝巡晋，曾驻跸鸣谦驿站。

古佛寺遗存

乌金山古佛寺遗存甚多，除前面提到的水晶院寺庙群、龙王庙寺庙群、太清宫寺庙群、华严寺、镇寿寺、和合寺等寺庙以外，还有海螺山的洪圣寺、东沙沟的文昌庙、高壁村的资圣寺、郑家庄的千佛寺、东左付村的圣安寺、东蒜峪的崇建寺等寺庙。

其中高壁村的资圣寺为明代建筑，有正殿三间和东西配殿、天王殿各三间，院内有

苏村古文化遗址

北后沟古文化遗址

古战场遗址

峪头古文化遗址

高壁村资圣寺

碑碣遗存

太原战役前敌委员会旧址

榆次（路北）八路军工作团旧址

唐柏和经幢。

此外，流村的太平桥、志村的琉璃塔等都是具有历史价值的古建筑遗存。

碑碣石雕遗存

石碑：乌金山紫金山华严寺有青石碑 5 通，为明清时所立。大洪山镇寿寺有石碑 11 通，大都为明、清碑。高壁村资圣寺有青石碑 7 通，为明代所立。

石雕：大洪山镇寿寺侧有幽冥洞，洞内有宋代造像，现存 10 尊，3 尊完好，7 尊有不同程度的损毁。

摩崖造像：在乌金山镇东沟半山腰有驴角大仙摩崖造像，此造像系宋代镌刻，有两处损毁较严重。

革命战争旧址

榆次（路北）八路军工作团旧址：位于乌金山镇东蒜峪村，设立于 1938 年 4 月。现存窑院一处，半沟窑数眼，大槐树院一处，为市级文物保护单位。

太原战役前敌委员会旧址：位于乌金山镇大峪口村，设立于 1949 年 4 月，总指挥为徐向前。4 月 5 日至 7 日，前敌委员会在该村召开会议。前委副书记周士第、罗瑞卿，八路军副总司令彭德怀和 150 余位师级以上干部参加了会议。

太原战役后方医院旧址及无名烈士墓：位于乌金山镇西蒜峪村，为一二进四合院，清代建筑，保存完好。村东约一里许，有一无名烈士墓，葬有 30 余位在太原战役中负伤经后方医院抢救无效而牺牲的革命烈士。

第三章 神话·传说·民俗

乌金山的每一个景观里几乎都为我们留下了一个脍炙人口的故事。

这些传说和故事寄托了人们对美好生活的热切期盼和对真善美的歌颂与追求。

这些传说和故事是人们对自己善良心地的婉转表达。

这些传说和故事是乌金山一笔宝贵的精神财富。

这些传说、故事、民俗、民谣就像一杯杯陈年老酒，让人沉醉，同时也让人思考……

第一节 神话故事

乌金山历史悠久，自然景观和人文景观荟萃，几乎每一个景观都为我们留下了一个脍炙人口的故事。这些故事从古说到今，经过许多代人的口耳相传，越发显得美丽动人。这些故事寄托了人们对美好生活热切的期盼，寄托了人们对真善美的歌颂和追求，是人们对自己善良心地的婉转表达。通过这些故事我们可以感受民间文化的无穷魅力。

清风洞与张彪的传说

乌金山上有一个清风洞，也有人称此洞为“海眼”，据说此洞一直通到东海龙王的龙宫里。相传这个清风洞还与西左付村大清武举人张彪有些关系。

想当年，张彪的父母年过四旬而无子。他俩从16岁成亲每逢初一、十五都要到乌金山水晶院拜文殊菩萨求子，几十年风雨无阻从不间断。一天，文殊菩萨参加王母娘娘的蟠桃会后返回乌金山水晶院时，见有一股清风凝聚不散，在林间游荡。文殊感觉奇怪，便按下云头看个究竟。原来这股清风是个游魂。文殊看这个游魂好像有些来历，就将手一伸，把游魂收入袖中。他回到水晶院掐指一算，原来这个游魂竟是东海龙王帐前的蟹将军。

这还要从头说起，相传东海龙王在深深的海底建了一座宫殿，但自从住进去以后就感觉整日昏昏沉沉不舒服，就唤来太医给他看病。太医入得宫来，不但没有治好龙王的病，自己好像也得了同样的病症。太医感到诧异，莫非这宫里染上了什么邪气？他走出宫殿，往浅水处走了一阵，不适之感顿然消失。太医这才恍然大悟。急忙返回龙宫，对龙王说："大王的玉体用不着吃药，只是龙宫建在深海，导致大王不适。"

龙王问道："那如何是好？"

太医说："只要顺着海底向陆上打个通气孔就行了。"

龙王又问："如此简单？"

太医说："是。"

龙王说："这好办，只需我吹一口气就可以了。"说着，龙王是低头吹了一口气，顿时一个圆洞就从海底一直通向内陆的龙王山（即乌金山），霎时，龙王山凉爽清新的空气就涌进龙王的宫殿，龙王昏昏沉沉的症状也顿时消失。

当地人把这个洞叫做清风洞。

龙王有个午睡的习惯。这一天他正在午睡，忽然又旧病复发。醒来以后感到胸中憋闷，气喘吁吁。龙王不知何故，就来到清风洞前向上一看，原来有个东西堵住了洞口，龙王很是生气，正想差人把这个东西捉来看个究竟，但感到鼻子有些发痒，忍不住冲着清风洞打了个喷嚏。不想这个喷嚏力量太大，竟然把那个东西喷出洞去，一下子摔到清风口对面的崖壁上，那个东西顿时便一命呜呼，原来那个东西是龙王帐前的蟹将军。这天他闲来无事，来到清风洞前，只觉得凉风习习，非常舒服，出于好奇，就钻进洞去。不想竟

把洞堵了个严严实实，致使龙王无意间要了他的命。

再说这一天恰逢十五，突然天降大雨，人们无法上山听文殊菩萨讲经，文殊难得清闲，就在水晶院殿内闲坐。不想竟看见一对老夫妻冒着大雨上得山来，然后来到文殊殿前三拜九叩，嘴里念念有词，文殊听得真切。原来这一对老年夫妻是山下西左付村人，年近天命仍然膝下无子。两人几十年如一日，逢到初一十五都要到水晶院烧香求拜，风雨无阻，从不间断。文殊菩萨大为感动。恰好刚刚收到一个游魂，不如就赐给他们吧。文殊想罢，一抬手，一股清风飞入那夫人的怀中，但那夫人竟然浑然不觉。只是回到家中，那夫人才感到身怀有孕。于是，十月怀胎，一朝分娩。老夫妻生下了一个健壮的男婴，取名张彪。老夫妻自是欢喜万分，就倾其所有在水晶院请戏班唱了三天大戏，以报答文殊菩萨的大恩大德。

时光荏苒，张彪长到 5 岁的时候，有一天水晶院的老住持夜间偶得一梦，梦见文殊菩萨给他送来一个红肚兜男孩。住持醒来，知道那是文殊菩萨点化他收徒。于是住持就下得山来寻找梦里那个红肚兜男孩。

几经周折，老住持终于在西左付村东面靠山处的一户人家门前，发现一个戴红肚兜的男孩正在门前玩耍。住持上前细细打量，这个男孩竟然与他在梦中所见一般无二。于是，他就进得院来，和其母亲说明来意。

张彪母亲几十年到水晶院上香，与住持自然非常熟悉。儿子本就是佛家所赐，理当上山服侍佛祖，于是满口答应。张彪就这样随水晶院住持上了乌金山水晶院，跟着住持习武十年，学了浑身武艺，直到老住持高龄圆寂才回到家里。

之后，张彪外出务工，来到煤窑给窑主背煤为业。张彪每日勤勤恳恳地劳作，但他没有忘记练武。每天他都起得很早，在上工之前总要到乌金山的大慧石上采气练功，从不间断。这里谷幽林深，天地日月之气积聚于此，使他的武艺更加炉火纯青。

话说四月初四是文殊菩萨的生日。曹国舅来乌金山水晶院给文殊菩萨祝寿。他来到乌金山上空，忽然看到一深谷中松林左右摇摆，闻得松涛飒然作响，如起了大风一般。曹国舅纳闷，青天白日，林间无风，怎么会风声萧萧？他一时好奇，就按下云头，在林梢察看。

原来深谷中的大慧石上有一个七尺高的年轻人在晨雾之中走着八卦连环步。这个年轻人彪悍英俊，两掌如扇，一个风摆荷叶，便搅得风声呼啸，松针如雨般落下。

曹国舅看得有些发呆，天下竟有武功如此高强的人，心中不禁顿起爱怜之心。但他没有打搅张彪，依旧凝神观看，直到张彪练完又下了煤窑，曹国舅才悄悄地离开。等他来到水晶院见到文殊菩萨就迫不及待地问起此人，才知道这个年轻人名叫张彪，曾在水晶院练武十载，是附近有名的孝子。因命中有此波折，故而一时难以出道。文殊菩萨告诉曹国舅，说张彪第二年六月才能步入坦途。那时朝廷开科，他定能一举成名。

曹国舅听文殊这样说，就放下心来。但他为了试一试张彪的心地，便化成一个衣衫褴褛的六旬老翁，也下得窑场去背煤。这天，日落西山，天色已晚。张彪下了工，准备回家，不想在半路上遇到一个老人吃力地背着煤筐往前走。张彪虽然十分疲惫，但他看到老人偌大年纪还来背煤，心中不忍，就急忙赶上前去，叫了一声大爷，然后接过老人肩上的煤筐背在自己的背上。老人也没有谦让，并拿起铁锹说道：“既然你帮我背，就好事做到底吧。我上一次山不容易，那就把筐装满吧。”

张彪脸上没有现出半点难色，就拿下筐来装得满满的，然后又背起来跟着老人走了五六里路，才走到山下一户破旧的人家。就这样，张彪每逢下

工，就帮老人背煤，一晃就是月余，就连老人的一口水也没有喝过。曹国舅打心眼里喜欢上了这个小伙子。

曹国舅回到水晶院，对文殊菩萨说及此事。文殊说：“人要成大器，必经一番磨炼。功名来得太容易，他就不会珍惜。”

果然，次年六月科考，张彪考取武举人。

张彪后来官居一品，封建威将军，任湖北提督，并跟随张之洞创立了中国第一支陆军。

长者爷爷的传说

所谓长者爷爷就是指唐高祖李渊的叔叔李通玄。前面我们已经提到过他。那是说他在紫金山的华严寺悉心研读佛教经典《华严经》，以及他专心著述的故事。下面这个故事是由于人们对他的崇敬而演绎出来的有关他的神话传说。

话说李通玄来到紫金山以后便隐姓埋名，专心致力于研读和著述，深受当地民众的崇敬。但人们不知道他就是武德皇帝李渊的叔叔，人们都唤他为李长者。李长者居于华严寺后，他的生活起居都由庞梁村一心向善的财主庞全照应。等到李长者完成他的著述以后，他一方面贪恋紫金山秀美的风光，一方面感念庞全多年来对他的照顾，所以就不想离开这个地方。于是他就决定留在华严寺闭关清修。庞全敬佩李长者的志向，每日照常为其三送斋饭。为了不影响他闭关修炼，庞全与长者约定，斋饭送来以后就放在大殿的供桌上，以敲磬三下为号，李长者即出来取饭。如此日复一日，年复一年，直到庞全黑发变成白发，仍然一日三餐供饭不辍。

有一天庞全为李长者送去早饭回来以后对妻子说，长者想吃西瓜，他要到什贴买西瓜，让妻子中午替他送饭。并嘱咐她将饭放到供桌上，敲磬三下告诉长者饭已送来，然后出殿走百步以后才可回头。虽然庞全的妻子为李长者做饭若干年，但她从未见过他的模样，心里当然好奇。那天中午她把饭送去放在供桌上，并按庞全的嘱咐敲磬三下便离开大殿。但她没有走够百步，就忍不住回过头去。这一回头不打紧，她竟看到了一个白发垂足，白须盈丈，人不人鬼不鬼的怪物。庞全的妻子不由得大叫一声："怪物！"然后撒腿就跑。

庞妻的一声喊，也把李长者吓了一跳。他以为是庞全伺候了他这么多年，大概是厌了，才让别人替代。他不想再麻烦庞全，就决定离开寺院。于是他收拾书籍行囊，出华严寺向西北方向而去。

华严寺遗址

翻过两道山梁，李长者来到一条小河前，正要涉水过河，却被黑、黄两只老虎拦住去路。李长者见状，对老虎说："要不你们吃了我，要不你们就让开路。"但老虎既不吃他，也不让路。李长者又说："你们要嫌我脏，那我就下河洗洗，洗干净了你们再吃。"于是李长者跳到河里把自己洗了个干干净净，然后对老虎说："来来！你们吃吧！"但老虎仍然不吃。李长者笑笑又说："既然你们不吃我，那你们就跟我走。黄虎当我的坐骑，黑虎给我驮书籍行囊。"两只老虎点点头，于是，李长者跨上黄虎，越过那条小河，继续向西北走去。黑虎驮着长者的书籍行囊跟在后面。

再说庞全买回西瓜，问妻子饭送了没有？妻子说："原来我每天伺候的是一个白毛怪物。"庞全一听，知道不好，急忙来到华严寺，但寺内已是人去殿空。庞全想，李长者来自晋阳，一定是向晋阳而去，于是急忙向西北方向追赶。

庞全翻过几道山梁，来到一条小河边，看见河边布满老虎的蹄印，便不禁大惊失色，急忙循着蹄印过河追了下去。追到一个村庄（这个村后来叫做"虎唤村"），村边有一个农夫正在锄地。庞全急忙上前询问。那农夫说看见一只黄虎驮着一个白毛老人，一只黑虎驮着行囊跟在后面朝东北方向去了。庞全闻言，又急忙转向东北追去。

庞全又追了一程，爬上一道缓坡，又看到一个村庄，庞全又上前打听。村边的人告诉他。白毛老人骑着老虎已走大老远了（后来这个村就叫"大远村"）。庞全闻言，顾不得停留，继续向前追赶。

庞全一路追一路问，一直追到寿阳县北方山的上寺，李长者已在上寺坐化了。长者仙逝，庞全万分心痛。跪在已经坐化的长者面前，声泪俱下："我来晚了，我来晚了！"

正在庞全伤心之时，空中突然响起李长者的声音："庞功德主，感谢你对我的一片诚心！"他嘱咐庞全："请把我的头割下来，带回紫金山，再塑上一个假身，供在华严寺如来三世佛的下首。这样，我在方山上寺是假头真身坐上首，在紫金山华严寺是真头假身坐下首。日后你要仙逝，可坐在华严寺三世佛的上首。"

听罢空中嘱咐，庞全知道李长者肉身已经成佛，遂遵照长者的安排，将长者佛爷的头带回紫金山，并塑成真头假身像，供在华严寺正殿三世佛的下首一殿内。李长者成佛的消息不胫而走，人们纷纷前来焚香叩头，并称李长者为长者爷爷。

再说庞全一生向佛，慧根早具，待到把长者爷爷的像塑好后，即到华严寺出家修行，后也遂长者爷爷的法旨，在华严寺正殿三世佛上首的一间殿内坐化成佛，华严寺也就成了佛国圣地。善男信女们纷纷解囊，为长者爷爷扩建寺院。紫金山周围的东蒜峪村，要罗村和寿阳的王家庄，胡家堙村还组成四社村，为华严寺起了一年一度三月二十七日古庙会，以解长者爷爷的寂寞。

佛移山的传说

佛移山就是乌金山的孟良山。相传很久很久以前，现在孟良山所处的位置并没有山也没有峰，只是一个平台。一日，如来佛祖驾云东行，来到这个去处。突然感到热气扑面，酷热难当。于是停下观看，只见这里群山赤裸，

佛移山

河谷干涸，大地龟裂，寸草不生，哀鸿遍野，饿殍遍地。如来一向慈悲为怀，见此情景，顿生怜悯之心。就唤来观音菩萨，命她将净瓶之水洒向群山。观音菩萨领命，随即用柳枝蘸上净瓶里的甘露洒向山野，顿时山坡绿树丛生，大地禾苗复活。久旱不雨的乌金山一带突然涌泉遍地，到处流水潺潺，人们兴奋不已，遂将山下一村改名为平地泉。

再说如来，他又伸手向平台一指，平台处便出现一个深洞。他随即又唤来财神赵公明，命他将无数金银财宝和许多金碗银碟放在洞中。此洞顿时光芒四射，金光闪耀。接着，如来又将手轻轻一挥，只见位于寿阳县以北的方山山顶竟突然脱离山体，飞向半空，并随着如来的手势，慢慢移到乌金山上空，并稳稳地落在平台上，将藏宝洞严严实实地覆盖起来。于是，光秃秃的平台上凭空长出一座山峰，这就是现在人们看到的孟良山。但由于如来从方山移来的这座山峰体积较小，只覆盖了藏宝的洞口，却未能占满平台，所以，孟良山半山腰至今仍留有大面积平缓的地带。

如来移山盖住了宝洞，但寿阳的方山却因此而成了平顶。寿阳的老百姓虽然不知道是如来佛祖移走了方山的山顶，但他们断定山顶突然消失，绝不是人力可为，于是，人们便称方山山顶为神坪顶，这个称谓一直延续至今。

乌金山突然甘露降临，绿树遍野，而今平台上又突然耸起一座山峰，当地百姓个个称奇，人人道怪，以为定是上界神仙下凡救民于水火，便慌忙焚香叩头，感谢上苍。如来见状，就现出法身对众人说："移山藏宝，意在济民。瓠熟为匙，贪者莫进。金盘银碟，写据借用。焚香许愿，用毕归洞。"说完，如来即将一颗瓠瓜的种子丢于宝洞前的山坡上，然后驾云离去。

却说百姓正焚香祷告，忽闻半空传来佛音，急忙抬头仰望，只见空中如来佛祖和观音菩萨以及财神赵公元帅已经驾祥云而远去，方知佛祖慈悲，藏宝济民。因为此山是如来佛祖从寿阳方山移来，于是大家即称此山为佛移山。直至北宋末年，孟良占山为王，大修山寨，杀富济贫，后又归顺杨家，百姓感念孟良仗义，因又称佛移山为孟良山。

再说如来佛祖将一颗瓠瓜种子丢在佛移山藏宝洞前的地上，种子即刻发芽生根长叶结瓜。乌金山一带民风淳朴，百姓不贪不占，勤劳耕耘，过着平静的生活。

山娃寻宝的故事

话说如来为济苍生，在佛移山藏宝并移山盖洞，还现出真身留下“移山藏宝，意在济民。瓠熟为匙，贪者莫进。金盘银碟，写据借用。焚香许愿，用毕归洞”三十二字箴言，这个消息很快就传遍四方。于是四周乡民欲借杯盘操办喜庆之事，就按如来佛祖的嘱咐，将所借杯盘数量写在纸上放在山前，并焚香祷告，于是金盘银碟便如数出现在他们的眼前。不管多少人一起求借，皆能如愿，乡民无不大喜过望，对三十二字箴言更加深信不疑。同时也有人前来寻宝，但他们虽然知道“瓠熟为匙”是用“瓠”当做打开宝洞的钥匙，但“瓠”是什么东西，均不得而知，于是，前来寻宝的人只好乘兴而来，扫兴而去。

一天夜里，月朗星稀，一个青年人来到佛移山前。青年名叫山娃，居住在山南的一个村庄。家中父亲早亡，哥哥娶妻分家另过，只留下他与老母一起生活。

老母一生艰辛，老来多病。哥哥软弱无能，嫂嫂泼悍不孝，山娃只好一人挑起奉养老母的重担。眼下，老母重病缠身，山娃身无分文，只好到药店赊药。但药店掌柜只认钱不认人，他知道山娃家一贫如洗，就一口回绝了他。无奈之下，山娃想起乡民所传宝洞济民的事，于是就怀着一线希望，一路坎坎坷坷，跌跌撞撞来

幽冥洞

到佛移山，只盼望寻得宝藏以救重病老母。

佛移山虽然不大，但藏宝洞在什么地方，没有人知道。更何况夜幕沉沉，山林一片漆黑，伸手不见五指。这时候，突然狂风骤起，山林发出一阵阵恐怖的呼啸。山娃救母心切，顾不得周围鬼哭狼嚎，他抬头仰望沉沉夜空高声呼喊道："救苦救难的观世音菩萨，救救我病重的老母亲吧！"喊着，他便声泪俱下地跪在了地上。

正在这时，山腰突然现出一道道金光，山娃一阵惊喜，忙站起身来快步登上山腰。只见金光闪处长着一棵藤蔓，藤上结着一个长圆形的果实，金光就是从果实里发出来的。难道这就是打开藏宝洞的钥匙？面对金光闪闪的果实，山娃不知如何是好。这时，山娃突然看见藤蔓上挂着一条黄绫，绫上写着十六个朱字："救母寻宝，孝心感天。瓠现洞开，以证佛言。"看了黄绫上的话，山娃才知道藤蔓上结的果实就是传说中如来佛所说的"瓠"，这"瓠"正是开启藏宝洞的钥匙。

原来这"瓠"是产于印度的一种攀援类草本植物，名叫"瓠瓜"，也称扁

蒲，俗名瓠子。该植物夜间开花，果实为绿白色。只因当年如来将瓠瓜的种子丢到藏宝洞前的平地上，并在种子上施了法力，故瓠瓜成熟的时候即发出道道金光。同时，因为如来要用瓠瓜当做开启藏宝洞的钥匙，所以瓠瓜才“有缘即熟并现形，无缘遍地难找寻”。

山娃得到了开启藏宝洞的钥匙，当然欣喜万分。他把瓠瓜摘下来拿在手里，一道金光从瓠瓜中射出，紧接着，山坡上就现出一道门洞，洞门徐徐移开，山娃就战战兢兢地走了进去。只见洞呈圆形，洞里一边堆满金银珠宝，一边迭起杯盘碗筷。整个洞里，五光十色，耀人眼目。山娃看看这个，摸摸那个，他想了想，觉得这些宝物对他都没有多大用处。最后他只拿了一锭白银，觉得这锭白银给老母亲看病足够用了。然后转过身来就要离去。忽然发现在洞壁下随便扔着一个不起眼的陶罐，他觉得此物可以给老母亲熬药，就从地上捡起来，擦掉上面的泥土，把那锭银子放在里面，然后走出藏宝洞。来到外面回头一看，哪里有什么洞门？眼前还是那座黑乎乎的山。山娃以为自己是在做梦，但他的手里真真切切提着一只陶罐，于是山娃便又跌跌撞撞回到家里。第二天，山娃从陶罐里拿出银子，到药铺给老母亲抓上药，回来以后拿过陶罐准备点火熬药。他正要将草药倒进陶罐，不想突然发现陶罐里还有一锭银子，这让山娃大惑不解。他把那锭银子拿出来，陶罐里立刻又生出一锭白银，山娃这才知道他得了宝贝。从此，山娃再也不愁没钱给老母亲看病了。

鳄鱼吞珠的传说

相传很久很久以前，中国北方一带民风淳朴，掌管智慧的文殊菩萨尊如来之命，从南方将女娲补天所余之智慧石运到乌金山，放置在水晶院东的山谷中。又将自己心爱的一颗巨大的宝珠放在佛移山即后来的孟良山南百米处的山冈上。然后抬手向西方一招，

将乌金山一侧结岭石村南中林山的山顶移到佛移山亦即孟良山，将宝珠掩盖起来。

文殊菩萨埋藏的这颗宝珠名叫地灵珠，此珠乃采大地之精，四海之华而经数万年锻炼而成。地灵珠所埋之处，方圆百里均可受益，据说每500年必出一代英豪。果然，此后离佛移山不远的左付村就出了后汉开国皇帝刘知远以及清代湖北提督张彪。这与文殊菩萨埋藏在佛移山上的地灵珠是否有关不得而知，这是后话，暂且放下不提。

文殊菩萨埋地灵珠之事被在长江入海口处修行的一条鳄鱼精得知。这条鳄鱼精已经修行千年，若能得到此珠吞下，它即刻就能修成人形并能位列仙班。于是鳄鱼精就来到乌金山妄图盗珠以自享。

鳄鱼精离开长江来到乌金山的佛移山东的山脊上，尾东头西，口对埋珠之地欲凭千年道行将地灵珠从山底吸出吞下。鳄鱼精果然道行不浅，它张开血盆大口，用尽丹田之气，猛力一吸，埋珠之山顿时颤抖起来。鳄鱼精大喜，赶忙继续猛吸，眼看地灵珠就要被鳄鱼精吸出。突然一座小巧的玲珑宝塔从天飘然而降，稳稳地落在了埋珠的山顶。此塔迎风见长，瞬间便长成一座高塔，将藏珠之山压住。原来这是文殊菩萨在空中施的法术。

镇寿寺禅房遗址

鳄鱼精正在奋力吸珠，眼看山体摇动，山底透出光华，宝珠即将被它吸出，心中大喜。但就在此时，一座宝塔从天而降，落在山顶。宝珠耀眼的光华顿时消失。鳄鱼精知道这是文殊菩萨从天降塔以护宝，但它不甘心失败，仍要孤注一掷，以求一逞。然而鳄鱼精虽然有千年道行，但也难敌文殊菩萨的无边佛法，鳄鱼精最后力气耗尽，死在山脊，遂化为鳄鱼山。只是鳄鱼精远道而来，却葬身此处，实不甘心。至今我们看到的鳄鱼山仍然活像一条鳄鱼，张着大口对着埋珠之山。

山冈上突然耸起一座山峰，峰顶又落下一座宝塔，宝塔以东的山脊还趴着一条巨大的鳄鱼，乡民看后无不大惊。他们纷纷前来观看，只见塔上写有“灵珠塔”三字，塔门两旁还嵌有一副对联，上联是“移山覆盖地灵珠意在潜移默化”，下联是“掷塔铲除鳄鱼精旨为劝良向善”。后来人们把文殊菩萨移来的这座山称为地灵山，亦称灵山。这座山是从中林山移来，所以，至今中林山仍为平顶。

金指和尚的故事

话说大洪山的山坳里有一座寺院，名曰“镇寿寺”，镇寿寺里有一名住持，唤作智圆和尚。这个智圆和尚心地十分善良，附近村里有什么事求到寺院，他都愿意帮忙。寺里在山下有几亩田地，他就像附近的村民一样辛勤劳作。打下粮食除了供寺僧吃用以外，余下的他都救济了附近村里无依无靠的老人。所以人们都很爱戴这个智圆和尚。

这一年适逢大旱，山下百里的村庄从春到夏五个月没有下雨。春天播不下种子，秋天颗粒无收，镇寿寺也同样遭了饥荒，断了粮食。

这一天，智圆和尚从外面好不容易化得一点斋饭回来，刚坐下正准备进食，不想从外面进来一个衣衫褴褛的女子，这女子蓬头垢面，满脸菜色，饿得奄奄一息，进门就扑倒在地上。智圆顾不得男女授受不亲，赶忙把她扶到禅房，并把自己化来的斋饭送到她的面前。那个女子不由分说，端起碗来就将智圆的斋饭吃了个精光。智圆和尚在一旁看着，直往肚里咽唾沫，他也已经两天没有吃到一粒粮食了。

等吃完了饭，那女子恢复了一些气力，就站起来告辞智圆要走。但还没有走到院子里，女子便大叫一声，又躺在地上，好像疼痛难忍的样子。智圆不知道是怎么回事，赶紧跑过来询问。原来那女子身怀六甲，就要临盆。这下可难坏了智圆和尚。他问女子家住何方，女子说离此很远，她家里的人都出来逃荒，即便回家也是等死，况且已经来不及了。“救人一命，胜造七级浮屠”，何况出家人一向以慈悲为怀，智圆不能见死不救，而他又颇懂些医道，就更不应怠慢。但寺里的和尚都到外面云游化缘，只剩下他一个人留守。现在要为一女子接生，智圆实在感到为难。

那女子躺在地上，嘴里发出一声声惨叫。情况危急，时间容不得智圆再迟疑，他就把心一横，抱起那女子来到自己的卧房，又急忙铺床烧水备盆准备接生。还好，那女子在智圆的伺候下顺利产下

一女婴。孩子“哇哇”的哭声让智圆松了一口气，他用自己的一件新袈裟将孩子包好放在那女子身边，然后端起产盆想把里面的血水倒掉，并洗干净黏在自己手上的血迹。但他已经两天没有吃过一点东西，刚走到院子里就觉得浑身无力，顿觉眼前一黑，便一下子把盆扔到地上，自己也一头栽倒在地失去了知觉。

不知过了多长时间，智圆和尚才从昏迷中醒来。此时天色已黑，他还惦记着屋里的母女。智圆从地上爬起来，在禅房里点着油灯，并掌灯来到自己的卧房。手遮灯光往床上一看，不禁让他大吃一惊，原来刚刚生产的那个女子已经不知去向，但那个婴儿还好好地躺在床上，婴儿身上还包着他的袈裟。他不知孩子的母亲到哪里去了，就抱起婴儿准备寻找那女子。但他觉得被袈裟包裹着的孩子非常沉重，一时竟没有抱起来。他感到奇怪，就打开袈裟观看，原来里面没有什么孩子，竟包着千两黄金。智圆再看看自己的手，不想十指也变成了金的。不仅如此，就连院子里的柏树也因为智圆和尚无意间把血水泼到了树身上，柏树也变成了闪闪发光的闪金柏。这一下他明白了，那女子一定是上界的神仙。

智圆和尚猜对了，那个衣衫褴褛的女子是王母娘娘变化而成的。

原来王母娘娘早就听说大洪山的镇寿寺里有一个让老百姓称颂的和尚。这一天八仙聚会以后，她独自来到大洪山，想试试这个和尚是不是如同民间所传。于是她就变作民妇模样，不仅吃了智圆的救命饭，还给他出了个天大的难题。事实证明智圆和尚真的是一个一心向佛的弟子。

再说智圆得了这么多金子，第二天他便从集市上买来粮食，并在寺院门前摆起了粥棚，一天三顿为四乡老幼施粥，帮助灾民度过荒年。

因为女婴变成千两黄金，自此以后，当地人们就把女孩称为“千金”。

智圆和尚由此更受到人们的敬仰，镇寿寺也香火旺盛，经久不衰。

智圆和尚活到百岁，无疾而终。人们把他埋在镇寿寺南山坡下的路旁，并立一座大约三尺多高，七层八角墓塔。这个墓塔被称为金指和尚塔，以供路人随时瞻仰祭拜。

九莲神灯的故事

在乌金山西南的中林山上，有一座和合寺。和合寺院里有一块大石，大石上有九个形如海碗的石窝，石窝里注满清泉，经年不涸不冰，这已经是奇观。但还有更奇的事，那就是逢到夜深人静，子时三刻，每个石窝里的清泉里就现出一盏莲花形的灯。这莲灯红光四射，把寺院照得如同白昼。这时就会有九个漂亮的仙女从莲花中飘然而出，美妙的仙乐也随风而至，仙女便随着仙乐在院子里轻舒广袖，翩翩起舞。半个时辰后，她们就又袅袅娜娜回到莲灯里，随即莲灯转暗，并渐渐熄灭，一切又归于平静。

和合寺出现九莲神灯以及仙女起舞的消息不胫而走，四乡的男女老幼都想一睹仙女的风采，于是，他们每到夜深人静，就悄悄地隐藏在寺院的附近，屏住呼吸，等待仙女的出现。果然子时三刻，莲灯点亮，红光四射，和合寺院里通亮通亮。九位仙女从莲灯里飘然而出，一个个锦衣霞帔，罗裙广袖，轻歌曼舞起来。有个词形容女子的美貌叫“貌若天仙”，而眼前就是天仙，不管怎样描述，都难以道出仙女之美。人们看得如醉如

痴，直到仙女歌舞既罢，飘回清泉，莲灯熄灭，才恋恋不舍地离开。

有一天，远道闻讯的几个年轻人相约来到和合寺，他们早早地就爬到寺内高高的松树上，占领有利地形，等待夜幕降临，一睹仙女的风采。好不容易等到夜深人静，终于等来了莲花在水中绽开，九仙女飘出清泉，轻移莲步，来到院中，顿时仙乐荡漾，仙女随乐起舞。九个仙女绝世的容貌和美妙的舞姿让几个青年人看得如痴如醉，目瞪口呆。其中一个简直有些不能自已，忘记了自己是在高高的树上，一不小心，就从树上跌落下来。没想到一脚踩进了一个石窝，石窝里的水顿时四溅开去。仙女被突然从天而降的青年惊得不知所措，纷纷跳回水中莲灯。莲灯顿时熄灭，和合寺院里变得一片漆黑。只有一个仙女无处可去，急得团团乱转。因为那个青年从树上跌下，冲走了石窝里的水。这还不算，那青年摔得很重，坐在石窝上爬不起来。待到那青年好不容易让开地方，但时辰已过，石窝里又没有了水，那仙女已是无家可归。

仙女泪流满面，哭得好不伤心，那青年知道自己闯了祸，真是后悔莫及，便跪在地上，连连向仙女道歉。但仙女没有了去处，真是无可奈何。不过，她见那青年是个诚实的人，就跟那个青年回了家。等到一帮人簇拥着那个青年和仙女回到村里已是天色大亮。在众人的撺掇下，那青年和仙女结成了连理。那个年轻人因祸得福，白捡了一个漂亮的仙女做媳妇，让其他的青年羡慕得要死要活。他们想，要知道是这样，他们会一起从树上摔下来。但是，这个机会再也没有了。

自此以后，和合寺里这种美妙的现象就再也没有出现过。

但也有另一种说法。说是一个月以后，和合寺里又传出了美妙的仙乐。据说直到现在，人们远远地还能听到。但只要人们走近，那歌声就停止了。所以，人们就再也没有眼福看到那些美丽动人翩翩起舞的仙女了，真是遗憾。

火神爷卖"大火烧"的故事

很久以前，榆次北起乌金山，南到庆城山，绵延百余里，长满黑压压的油松林。现在就只剩下乌金山和庆城山两大林场，中间那几十里黑松林带却不复存在了，这是怎么回事呢？

相传有一天，玉皇大帝和王母娘娘到南天门散步。他们看到凡间榆次的黑松林里，有许多樵夫在里面砍柴，并且专捡一些干树枝砍伐，玉皇大帝问王母娘娘："樵夫为什么专挑干柴砍呀？"

王母娘娘回答说："干柴比湿柴好烧呗。"

玉皇大帝说："怎见得湿柴就不好烧？"

说着，他就宣来火神爷，命他即刻下到凡间，把榆次的黑松林点着。火神爷一听，心里很不是滋味。他想，你们两口子斗嘴，就要火烧黑松林，这岂不让老百姓遭殃？真是于心何忍呀？可毕竟圣命难违，他不得不下到凡间，准备完成玉皇大帝交给的任务。

火神爷化作一个老翁来到榆次地界，左思右想，不忍下手。因为一旦点着黑松林，住在山上的老百姓就都难逃厄运，这可把他难坏了。那天恰逢乌金山庙会，善男信女，游商小贩，人来人往，热闹非凡。可火神爷不能对人们说玉皇大帝要火烧黑松林，那样就会触犯天条。情急之下，火神爷突然急中生智。他到一个僻静的地方变了一个磨盘大的火烧背在背上，边走边喊："卖火烧！卖火烧！"

人们看见一个老头背上背着一个很大很大的火烧都觉得稀罕。

"看呀！好大的火烧！"人们围着老头啧啧称奇。

火神爷说："俺这算什么火烧？后面还有更大的火烧！"

人们好奇地问："这么大的火烧怎么烧的？"

火神爷说："怎么烧？天烧！"说完一转身就不见了踪影。人们这才恍然大悟，觉得这一定是神仙点化，榆次可能要有火灾。于是，人们奔走相告，有亲的投亲，有友的靠友，能迁的迁，能移的移，做好了各种准备。果不其然，黑松林着火了。一时间，大火熊熊，乌烟滚滚，火势蔓延，遮天蔽日，百里松林成了一片火海。人们捶胸顿足，但都束手无策，好端端的黑松林眼看就要化为灰烬。所幸的是，人们早有防备，大火没有伤着人。

这天，东海龙王正好出来巡视，享用人间供奉。他恰巧来到乌金山的龙王庙，但还没有坐稳，就被一阵浓烟呛得眼辣鼻痒，止不住就打了一个大喷嚏，天空顿时就阴云密布，下起了瓢泼大雨。一连三天三夜，才将黑松林的大火浇灭。总算保住了乌金山这一片森林。所以，榆次人对火神爷和龙王爷都格外感激，而乌金山上的龙王庙从此更是名声大振，每到干旱时节，人们总要到这里来祈雨，据说灵验得很。

聚宝盆和白皮松的传说

乌金山上有个村庄叫结岭石，附近有个寺院名叫和合寺。相传早年间寺里住着两个和尚，长者为师，幼者为徒。寺院里还养着一头驴和一条狗。小和尚天天负责给驴割草。从春到夏，小和尚欢欢快快地出去又欢欢快快地回来，准时准点每天都背回一大筐绿茵茵的青草。眼看深秋到了，万木开始凋

零，而小和尚照例每天将一捆青草背回来，这不由得让老和尚奇怪。

老和尚为了看个究竟，这一天，等小和尚出门以后，老和尚就尾随其后，来到离寺院不远的一片滩地上。只见小和尚舒舒服服地躺在一片草地旁的石板上暖暖地晒太阳。快到晌午的时候，小和尚才起身割草打扎，不多不少正好一捆。小和尚往背上一背，就高高兴兴地回去了。

一连几日，青草割了又长，长了又割，总不见少。老和尚奇怪，就趁小和尚不在的时候偷偷来到这里，并将长草的地方挖开，结果只挖出了一个半新不旧的瓷盆。老和尚觉得这个盆无用，就随手扔到院里当了喂狗的狗食盆。自打那以后，小和尚就再也割不到青草了。老和尚自知理亏，对小和尚不能完成割草的任务也不敢责怪。让老和尚奇怪的是，倒进盆里的东西狗总也吃不完，他还以为狗有了什么病，不想吃东西呢！

有一回，老和尚和小和尚下山化缘三天没有回来，以为狗一定饿坏了。结果发现狗食盆里依然满满当当，狗也吃得膘肥体壮，活蹦乱跳。老和尚十分惊讶，他想，难道这就是传说中的聚宝盆？于是他让小和尚把那个盆洗干净，先放进去一个银元宝，结果盆里就长出了一盆银元宝，这下，把两个和尚高兴得蹦了起来。

有了聚宝盆，和合寺的日子今非昔比。他们翻修了寺院，到此修行的和尚也越来越多，和合寺的名声也越来越大。

但好景不长，和合寺里有个聚宝盆的消息就传到了县令的耳朵里。这个县令是个贪官，就想把聚宝盆据为己有。于是，就说聚宝盆是国宝，下令让和合寺把聚宝盆交到县衙充公。老和尚急了，便抱着聚宝盆跑到乌金山的密

和合寺禅房遗址

林深处，找了一棵大松树将盆埋在了树下，并将自己的破纳衣脱下来包在树上做记号，然后就放心地到外地躲了起来。

三年之后，听说那个县令离任，老和尚就回到了乌金山，想找到那棵大松树，结果发现他曾经埋盆的地方所有的树都是一个模样。树干发白，青一块儿绿一块儿，斑斑驳驳。原来老和尚包树的纳衣上的补丁也长在了树干上，这就是我们现在看到的乌金山漫山遍野的白皮松。

老和尚看着眼前大片的白皮松林，口里不禁念了一声佛："阿弥陀佛，善哉善哉!"

棋盘石的传说

乌金山上有个叫棋盘石的地方，提起它，人们都津津乐道，说起这棋盘石，还有一段有趣的传说哩。

离乌金山最近的一个村子叫平地泉，村里有个叫张有福的年轻人，既聪明又好强，还有一个要命的嗜好就是爱下棋，一下起棋来便没有了时间概念，甚至连吃饭都顾不得。

有一天，家里的柴火烧得没有了，婆姨就让他去上山砍柴。张有福第二天早晨就早早地起来，拿起砍刀，扛起扁担走出家门。近处的山上柴已让人砍得差不多了，张有福只好往深山里去找。走着走着，他突然听到从不远的高处隐隐约约传来"啪啪"的声音，还听见有人在说笑。张有福心想："谁这么早就抢先上了山?"心里觉得好奇，便循着声音往更高处爬去想看个究竟。反正越往上柴也越多，不发愁砍不到。已经爬得很高了，但还不见人影，张有福有点心虚。他凝神屏气，竖起耳朵谛听，周围一片寂静，便觉得有些害怕。为了给自己壮胆，他便使劲咳嗽了一声，并下意识地握紧了手里的砍刀。

正在这时，他又听见不远处传来响亮的"啪啪"声，间或还听到说笑的声音。张有福顿时放松了警惕，心想都是自己吓自己，便又加紧了步伐，不一会儿就上了山顶。这下他看清楚了，原来是两个老人对面而坐，在那里比比划划，不知在干什么。张有福十分好奇，三步两步便来到跟前，原来那两个老人是在下棋。

张有福定睛观看，只见一个老人鹤发童颜，一个老人长须飘飘，颇有几分仙风道骨。张有福见两位老人下得专心，他一时不敢惊扰，便立在旁边观看。看了一局又一局，不觉入了迷，直看得心里发痒。他拗不过自己的棋瘾，就大着胆子对两位老人说：“老人家，让我也下一盘吧！”

两个老人停下手中的棋。一个问：“你就是平地泉村的张有福吧！听说你很爱下棋，那咱就过过招吧！”

张有福听老人这样说，真是喜出望外。他赶紧坐下来与那位长须飘飘的老人下了起来。下了一盘又一盘，但张有福就是下不过对手，心里又着急又不服。老人几次催他回家，他都不肯离开棋盘。旁边的长者便劝他说：“年轻人，你已出来五天了，还不赶紧回家？我们也要赶路了。”说罢，两个老人相视一笑，突然没了踪影。张有福十分惊讶，恍惚间伸手去拿砍刀，却握了个空。原来砍刀已经锈迹斑斑，刀把也已经腐朽了，心里觉得很诧异。突然就想起了老婆还等着他的柴火做饭，便赶紧捡了一捆，背起来撒腿就往山下跑，仿佛一阵风似的便回到了村里。

更让他奇怪的是，村子怎么也变了模样？似像非像，人也似识非识。到了自己家门口，见出来一个七八十岁的老婆婆。张有福纳闷，赶紧向前打问“我婆姨在不在屋里头？”

那老婆婆一见张有福，愣怔了好一阵，便“哇”的一声哭出声来。一边哭一边说：“有福啊，你是人还是鬼呀？你可别吓唬我呀！你砍柴这一走，连个音讯也没有，你这几十年都到哪儿去啦？家里都以为你遭了不测，爹娘连气带病也都先后去了。”

张有福听着老婆婆的哭诉，心里越发的诧异。

“你是谁呀？”他疑惑地问。

那老婆婆说：“好你个没良心的，我等了你整整五十年，你倒不认识我了……”

张有福这才恍然大悟，原来跟他下棋的是两个神仙。

“都怪我贪玩忘了回家，误了事，也误了你。”张有福拉住老婆的手就不禁掉下泪来。

天上五天，地下就是五十年啊！

从此张有福对老婆更是倍加呵护，直到她去世。

此后，每当村里谁要到该吃饭的时候还不回家，家里人就打趣说：“不

棋盘石

是又到山上下棋去了吧?”

至今，乌金山的一个山头上还有一块棋盘石，人们把那个小山头称为“棋盘山”。

崔山亮捉鬼的故事

听老人们说，早年间榆次乌金山的大峪口村有一个后生，名字叫崔山亮。他长得又高又大，臂力过人。家里父母早亡，就他一个人靠推车卖煤度日。他推的手推车比一般人的要大，煤也装的多，人们都愿意买他的煤，因此日子过得还算将就。

有一天，崔山亮卖完煤回到家里，一看家里好像有人走动过，东西好像也有人翻动过。心想，这大概是隔壁邻居想借东西，见他不在，找东西留下的痕迹。于是他就问了问四邻，但大家都说没有去过他家。崔山亮见家里没有丢什么东西，也就没有把这事放在心上，吃了晚饭就倒头呼呼地睡了。

谁想第二天，崔山亮从外面卖煤回来，家里又被人翻了个乱七八糟。他又打问邻居，邻居都说不知道是怎么回事。从此以后，一连几天，天天有人翻腾他的家。他觉得很奇怪，心想，这是谁和我过不去呀？于是他就多了个心眼，离家时就特意在门上加了一把大铁锁。谁知虽然他锁上了门，照样有人来他家光顾，但他家的东西却没有丢过一件。所以日子久了，崔山亮也就习以为常了。

有一天，他正在家里躺在炕上休息，突然听到家里的东西“噼里啪啦”乱响起来。他想，谁这么大胆，俺在家里就敢来捣乱？想着就坐了起来四下里看看，没有人。再仔细眊眊，门还是关着的。是猫？是老鼠？也没有看见，他就又躺下。刚躺下他家里的东西又响起来。锅碗瓢勺，叮当乱响。他又急忙坐起来，还是没有看见有什么东西。这到底是怎么回事呢？崔山亮想看个究竟。于是他就又躺下，闭上眼睛假装睡着。一会儿，他突然听见窗户跟前有动静，好像有什么东西从猫洞里钻出去，于是，家里就安静下来。

崔山亮这才明白，原来这个东西每天是从猫洞里钻进来的。但这个东西到底是什么呢？莫非是个妖怪？崔山亮胆子很大，他想，这家伙欺负俺这么长时间，不管它是什么东西，非逮住修理修理它不可！既然是从猫洞子里出进，那俺就按猫逮狗日的。于是他就找了一条口袋，把口袋对准了猫洞子，专等那东西钻进来。等了一夜没有逮住。第二天，崔山亮连煤也不去卖了，还是悄悄地等着。到了前半晌，果然从猫洞子里钻进来一个东西，一下子就窜到了崔山亮布好的口袋里。崔山亮赶紧跑过去把口袋口攥紧，就在地上摔起来。一边摔一边骂：“日煞你妈的，看你再欺负老子！”

刚摔了几下就听见口袋里“呀呀”直叫。再仔细听听，却是尖声尖气的人话：“哎呀！不敢了！哎呀！不敢了！”

崔山亮住了手，问道：“你是谁？”

口袋里说：“俺是毛鬼鬼。俺再也不敢了！你把俺放了，你要甚，俺给你甚，行不行呀？”

崔山亮说：“不行！非把你摔死不可，看你还敢不敢欺负人！”

毛鬼鬼在口袋里急得直央告：“你饶了俺吧，俺再也不敢欺负你了！”说着就像小孩子一样“呜呜”地哭起来。

崔山亮一听，心软了，就说：“放了你可以，你以后不准再欺负任何人！你要是再欺负人，叫俺知道了，非把你摔死不可！”

毛鬼鬼赶紧说：“不敢了，不敢了！从今以后，俺再也不敢欺负人了。

你快放了俺吧，俺听你的话，给你好东西！”

崔山亮心想，这东西还知道改错，那就放了它吧。俺一个受苦人，要什么好东西？就是每天推煤下山，得使劲撑住才行，比上山还费劲。那就让这个毛鬼鬼帮俺拽住一点就行。于是他对毛鬼鬼说：“俺什么也不要你的，只要你在俺推煤下大坡的时候帮俺拽住一点就行。”

毛鬼鬼赶紧回答：“行行！俺明天就去！”

崔山亮就把口袋解开，放毛鬼鬼走了。

第二天，崔山亮依旧去推他的煤，到下大坡的时候就突然想起毛鬼鬼：“也不知道狗日的说话算不算数？”正想着，突然就觉得车子轻了许多，就像有人替他拽住一样。但他又看不见人，他知道是毛鬼鬼来了，就说：“毛鬼鬼，你来了？”

只听得车轱辘底下有人说：“俺来了，等了你半天了，俺给你扛着车轮哩！”

从此以后，每天下大坡，崔山亮都感到不用费力气。

又过了数月光景，这天，崔山亮又推着满满一车煤下山，他放心大胆地走下坡来，不想车子一下就窜下来。多亏了他力气大，才没有窜到山沟里去。崔山亮大骂毛鬼鬼说话不算数，“再逮住你非摔死你不可！”他说。

话是这么说，但过后崔山亮就把毛鬼鬼忘了。

又过了些日子，突然有两个人来到乌金山大峪口打听崔山亮。那两个人见到崔山亮说：“俺是专门来请你去看病的。”

原来离大峪口四十多里的一个小村子里，有个二十来岁的姑娘不知道被什么东西缠住了，病得很厉害。家里什么办法都用过了，就是不见效，病反而越来越重。嘴里不停地唱着：“天不怕，地不怕，就怕大峪口的崔山亮！”所以这两个人就一路打听着找来了。

崔山亮一听心里就明白了，原来毛鬼鬼不来帮他拽车，是跑到人家姑娘家捣乱去了。“行！俺正寻它狗日的呢！”崔山亮痛快地答应了来人，于是他就跟着那两个人来到了姑娘家。一进大门就听见那姑娘唱：“天不怕，地不怕，就怕大峪口的崔山亮……”崔山亮一听，果真是那毛鬼鬼的声音。便急走几步来到那姑娘的屋子，大声喝道：“毛鬼鬼，你狗日的敢是又到这儿来祸害人，这回我饶不了你！”

那毛鬼鬼一见是崔山亮，吓得尖叫说：“不敢了！不敢了！俺走呀！俺走呀！”说着就再也没有了动静。再看那姑娘，仿佛是刚刚睡醒似的，她的病立刻就好了。后来，那姑娘害怕毛鬼鬼再来附她的身，就非要嫁给崔山亮。她的爹娘见崔山亮老实厚道，就把女儿许给了他。

第二节 民间传说

民间传说也和神话故事一样，是乌金山一笔宝贵的精神财富。这些民间传说大都有生动的故事情节，鲜明的人物个性，富有浓郁的生活气息和地方特色。热情地讴歌劳动人民的生活愿望和理想，赞美他们勤劳勇敢的品质和智慧，是这些民间传说的精神内核。读这些脍炙人口的民间故事，就像饮一杯陈年老酒，让人回味，让人沉醉，同时也让人思考。

盖聂与荆轲

说起秦始皇扫平六国，人们就自然会想起荆轲刺秦王那一段精彩的故事，但其中有一位神剑大侠却鲜为人知，他就是盖聂。

盖聂是山西榆次聂村人，生在武术世家，从小接受父亲的熏陶，练就了一身出神入化的剑术。盖聂不是他的名字，是民间送给他的绰号。盖聂本来姓赵名成，相传赵成十五岁那年，聂村（今属榆次郭家堡乡）聂店（今属榆次乌金山镇）两村在龙王山（即乌金山）脚下开场比武，周围村庄观者甚众。两村几十名习武青年轮番比试，赵成技压群雄，得了第一。所以村人送他一个艺名叫做“盖聂”，即武艺盖两聂（聂村聂店）之意。盖聂十八九岁时，便在赵国和晋国的武术界名声大振。多少江湖剑侠来榆次与盖聂比武，都乘兴而来，败兴而去。因此，榆次聂村也随着盖聂的名字一起远播。

盖聂虽练得一手神剑，但从不参与江湖争斗。因他性情沉稳，不事张扬，因此很受人们的爱戴，慕名前来学艺的人络绎不绝。

这一天，盖聂正在自家的院中教徒弟习武，家人前来报告，说有一位自称卫国的剑术大师荆轲前来拜访。

盖聂一听是荆轲，便笑一笑说：“有请!”话音刚落，院子里走进来一个气宇轩昂的人，此人便是荆轲。

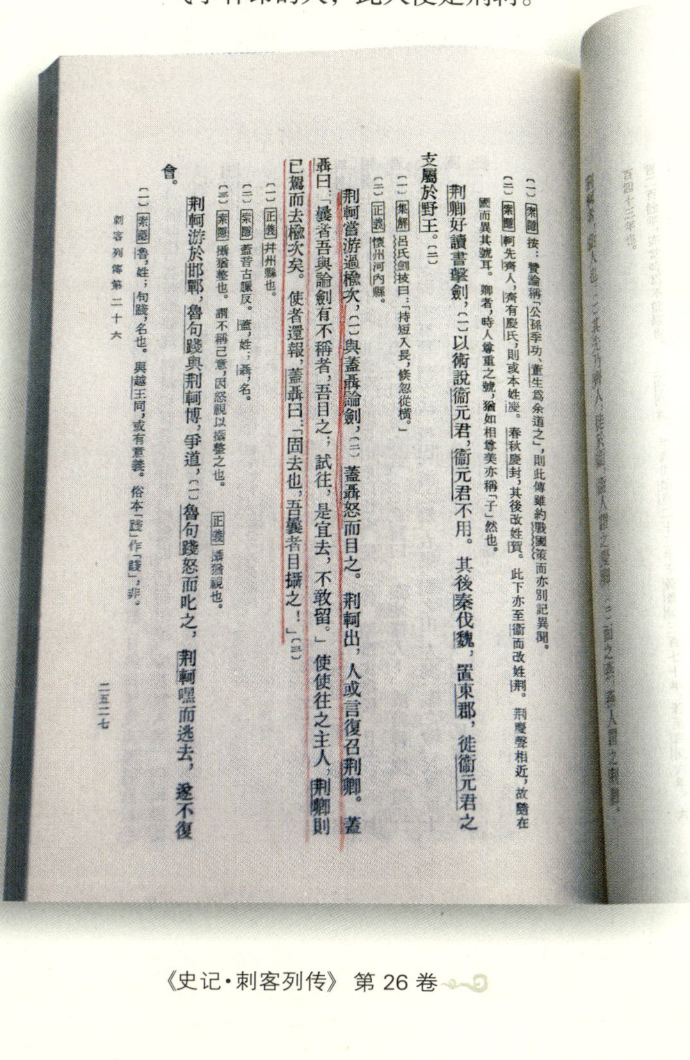
〔一〕索隱 按：贊論稱「公孫季功、董生爲余道之」，則此傳雖約戰國策而亦別記異聞。
〔二〕索隱 軻先齊人，齊有慶氏，則或本姓慶。春秋慶封，其後改姓賀。此下亦至衛而改姓荆。荆慶聲相近，故隨在國而異其號耳。卿者，時人尊重之號，猶如相尊美亦稱「子」然也。

荆卿好讀書擊劍，〔一〕以術說衛元君，衛元君不用。其後秦伐魏，置東郡，徙衛元君之支屬於野王。〔二〕

〔一〕集解 呂氏劍技曰：「持短入長，倏忽從橫。」
〔二〕正義 懷州河內縣。

荆軻嘗游過榆次，〔一〕與蓋聶論劍，〔二〕蓋聶怒而目之。荆軻出，人或言復召荆卿。蓋聶曰：「曩者吾與論劍有不稱者，吾目之；試往，是宜去，不敢留。」使使往之主人，荆卿則已駕而去榆次矣。使者還報，蓋聶曰：「固去也，吾曩者目攝之！」〔三〕

〔一〕正義 幷州縣也。
〔二〕索隱 蓋音古臘反。蓋，姓；聶，名。
〔三〕索隱 攝猶整也。謂不稱己意，因怒視以攝整之也。正義 攝猶視也。

荆軻游於邯鄲，魯句踐與荆軻博，爭道，〔一〕魯句踐怒而叱之，荆軻嘿而逃去，遂不復會。

〔一〕索隱 魯，姓；句踐，名也。與越王同，或有意義。俗本「踐」作「賤」，非。

刺客列傳第二十六　二五二七

《史记·刺客列传》第26卷

荆轲是卫国人，三十多岁，年龄与盖聂不差上下。他出身贫寒，自幼爱打抱不平，满身侠肝义胆，令江湖人折服。他随师学了几年剑术，便身背一口宝剑到处游历，以结交武林中人为乐。荆轲听人说原三晋赵国榆次聂村有个大侠名叫盖聂，剑术十分了得。荆轲怀着极大的好奇心，千里迢迢，来到榆次聂村，想与盖聂论一论剑术。

盖聂把荆轲请到上房，荆轲是一个性急的人，还没等把椅子坐热就起身说道：“久闻盖大侠的威名，荆轲特来求教。”

盖聂知道这是荆轲要与他比剑，便也不推辞，就说：“不敢，请到院中切磋。”

于是两人来到院里，各自拉开架势，两位剑侠就在院里动起手来。一时间，剑影如飞，寒光

闪闪，只见剑影，不见人形。围观的众徒弟都禁不住拍手叫好。大家正在兴浓之时，忽见荆轲将手里的宝剑“当啷”一声扔在地上，当胸抱拳道：“荆轲输了，盖大侠出神入化，荆轲弗如，佩服佩服！”

原来盖聂的剑正指着荆轲的咽喉。

二人又重新回到上房，荆轲侃侃而谈，纵论天下大事，的确不同凡响。盖聂暗暗思忖，此人如果剑术精进，当是治国安邦的大才。

盖聂想着，时间已近正午，荆轲起身向盖聂深施一礼，并恳请盖聂不吝赐教。盖聂见荆轲态度诚恳，自己又有意给他指点，便留下他用饭。第二天，盖聂便与荆轲一起登上离聂村不远的龙王山。

龙王山峡谷纵横，满山茂林。在龙王山深处一山壁下有几孔窑洞，时人称为海窑。窑洞上是一片开阔的草坪，正是一个练武的好地方。于是，二人并家丁就在这里安顿下来。

但盖聂没有立刻给荆轲传授剑术，而是把他带到一个深谷中。这里有一块巨大的岩石，人称“智慧石”。盖聂让荆轲与他一起坐在石上闭目禅定。谷中松涛阵阵，鸟鸣声声，偶尔一条什么动物倏然而出又倏然而逝，更加显出峡谷的幽静。

如是一连三天，荆轲再也坐不住了。

这一天早晨，他们二人又来到智慧石旁坐定。荆轲禁不住问道：“盖大侠，你每天带我到这里来闲坐，是何用意？”

盖聂并不答话，旁若无人。

荆轲见盖聂不说话，心中不悦，又说：“似这样坐来坐去，何时能成大业？”

盖聂依然没有搭腔。

荆轲有点生气：“都说盖聂是一方大侠，原来也不过如此。”

盖聂仍旧稳稳地坐在那里，自管入定。

荆轲见盖聂不理他，心中愤愤不平，心想：“我拜你为师，是想让你教我剑术，你却这样，是何道理?”于是他一气之下，扭头离开智慧石，顺着峡谷头也不回地走了。

盖聂并没有追赶，他想：“我一定要磨一磨你的锐气，平一平你的浮躁，否则怎能成大业?”

使盖聂没有想到的是，荆轲竟然背起他的剑一个人下山去了。

等盖聂回到海窑院得知荆轲不辞而别，不禁长叹道：“志大才疏，如之奈何？惜哉惜哉!”

却说荆轲离开榆次，就去了赵国的都城邯郸。在车宁的狗肉店里遇到了从前的好友田光。田光也是武林中人，当时在燕太子丹身边为臣。他是受燕太子之托四处寻找荆轲的。

燕太子丹因为行将灭国而恨透了秦始皇，早有刺杀他的愿望。但他访遍燕国有名的剑侠，竟无一人能当此重任，这让太子丹大失所望。后来听田光说他有一个朋友荆轲是大名鼎鼎的剑侠，可以担此重任。

荆轲以行侠仗义而闻名于世，但行踪不定，于是，太子丹就派田光到处打听荆轲的下落，“踏破铁鞋无觅处，得来全不费工夫”，见到荆轲，田光向荆轲说明燕国太子丹寻找他的因由。荆轲本是一个疾恶如仇、行侠仗义的英雄，因此他就不假思索，豪爽地答应了田光。于是，荆轲跟随田光来到燕国，燕王拜荆轲为上卿。公元前 227 年，荆轲准备行刺秦王。太子丹亲自把他送到易水河畔。临别时，有好友高渐离击筑，荆轲留下了“风萧萧兮易水寒，壮士一去兮不复还”的千古绝唱。

果然，荆轲由于剑术不精而刺杀秦王未成，他自己反而死于秦王的剑下，如果荆轲跟盖聂精心学剑，结果或许就是另一番景象。

孟良抢亲

北宋末年，朝廷昏庸，佞臣乱政，四方豪杰报国无门，便纷纷占山为王，以待时机。乌金山西平地泉村北有一座山，叫做“佛移山”，这座山沟壑纵横，层峦叠嶂，地势险要，可守可攻，被一位名叫孟良的好汉看中，于是他便与结义兄弟焦赞带着一帮弟兄，在佛移山安营扎寨，招兵买马，当起了山大王。

孟良是个侠肝义胆的英雄，他在佛移山竖起大旗以后，并不去骚扰百姓，而是干起行侠仗义、劫富济贫的事来。于是人们感念孟良的好处，就将佛移山称为孟良山，并沿用至今。

但孟良毕竟是个凡人，天长日久，心中便生出要娶个压寨夫人的念头。“男大当婚，女大当嫁”，这也无可厚非。当地的百姓虽然敬重孟良，但他毕竟有一个“匪”名，本分人家因嫌这个匪名难听，更为担心的是日后朝廷如果问罪，后果不堪设想，因此多不愿将女嫁与孟良为妻，这使孟良好生烦恼。

副寨主焦赞悉知寨主的心事，就给孟良如此这般出了一个主意。

话说乌金山下有一个村庄名叫冀家庄，冀家庄有一个大户人家，当家人人称冀员外。冀员外有一个女儿，长得端庄美丽，而且知书达理，焦赞就纵容孟良娶冀小姐为妻。孟良被焦赞说得心动，于是，二人一起来到冀员外家里提亲。

两个山大王的突然造访把冀员外吓得魂飞魄散。他听说孟良专干劫富济贫的事，心想今天轮到了自己头上。哪里还敢怠慢，急忙吩咐好酒好菜侍候。

焦赞对冀员外说：“你不必害怕，我们来是有一事相求。”

冀员外定一定神说：“请寨主吩咐，只要能办到的老夫一定从命。”

焦赞说：“那好，我们既不要你的金，也不要你的银……”

冀员外心中疑惑：“那你们要什么?”

焦赞说：“我的哥哥孟良寨主要你当老丈人!”

冀员外一听吓了一跳，他立刻就明白了他们的来意，但他哪里愿意将女儿嫁给一个山大王呢?

“二位寨主，”冀员外说，“你们要金要银都行，只是我的女儿已经许配人家，老儿实难从命。”

孟良听冀员外这么说，心中懊恼，站起身把袖一甩走出门去。

这边焦赞一声令下，众喽啰一拥而上，冲向内宅，把冀小姐抬到门外，塞进预先准备好的花轿里，然后离开冀家庄，沿着鳄鱼山的山路吹吹打打将冀小姐抬回山寨，当晚就拜堂成亲，冀小姐就这样做了孟良的压寨夫人。

冀小姐虽是名门淑女，但想到自己如若不从，老父一定会受连累，况且久闻孟良乃是一条劫富济贫的好汉，于是便认命顺从嫁给了孟良。

这冀小姐自幼熟读四书五经，做了压寨夫人后，一心想让丈夫改邪归正，于是常常规劝孟良尽忠报国。孟良自从娶了这个貌若天仙的夫人，心里非常高兴。他本来是一个粗人，见夫人知书达理，真个是言听计从。于是严格约束部下，不准骚扰乡民，同时加紧练兵，并派探子四出打探朝廷消息，寻找尽忠报国的机会。

功夫不负有心人，孟良最终投到了一代忠良杨家的门下，建立了不少功勋。

孟良归宋

孟良归宋是在乌金山一带流传了数百年的一则动人故事。

话说孟良自娶亲以后，在冀小姐的帮助下，他的山寨日渐强盛，慕名前来投奔的好汉络绎不绝。几年后，恰逢大宋元帅杨六郎率军征辽，杨家军从河南出发北进，这一天走进山西路经榆次，准备取道罕山进军幽州。

杨家军浩浩荡荡向前进发，兵至乌金山流村一带，被一干人马从山上下来拦住去路。为首两员大将便是孟良与焦赞。

六郎杨延昭部下以为是两个山贼，谁知两军交战，杨延昭部下被孟良焦赞打得大败。杨家军不能前进，杨延昭吩咐安营扎寨，来日再行剿灭。等到第二天，两军摆开阵势，杨延昭发下将令，然后在高处观战。只听阵前杀声一片，敌营中两员大将

孟良古寨遗址

在阵前纵横驰骋，如入无人之境，六郎部下简直无人可与匹敌，杨延昭心里不禁对此二人顿生爱意，即刻鸣金收兵，来日再战。第三天杨延昭亲自披挂上阵，前呼后拥来到阵前。孟良焦赞更不答话，挺枪直取杨延昭。

两军大战一百回合，杨延昭毕竟武艺高强，孟良焦赞两面夹攻，竟也难于取胜。二人不敢恋战，虚晃一枪，拨马便走，但被杨延昭拦住去路。

“好汉！通个姓名。”杨延昭说。

“大丈夫坐不改姓，站不更名，俺是孟良!”

“俺是焦赞!”他们俩说。

杨延昭拱手道：“二位将军武艺高强，为何在此落草？目下，辽兵犯我疆土，国家正在用人之际，二位有如此身手，应该为国效力，大丈夫志存高远方是正道，二位以为如何?”

孟良问道“你是何人?”

杨延昭说：“我乃征北大元帅杨延昭是也!”

孟良早就听说杨家将是保国的忠良，再说他多年受夫人冀小姐教诲，早有投奔宋军、为国出力之意，但多年苦于没有机会。今天虽然机会来临，但又怕宋军轻看了自己，于是便说道：“等俺回去商议以后再说。”

杨延昭也不阻拦，闪开一条路让孟良焦赞回营。

孟良和焦赞回到营寨就与冀小姐商议，冀小姐说：“既然二位将军还有疑虑，那就试一试他们的诚意也未尝不可。”

于是，冀小姐当即修书一封，并差人立即送往宋营。

杨延昭接到孟良的书信打开一看，随即令人备马。他不听诸将的劝阻，准备按照孟良的要求，不带任何兵卒，只身上山前往孟良的营寨。

孟良听说大元帅杨延昭果真要只身前来，就足见其诚。他立刻便消除了疑虑，率领大小将领迎出寨门。等到杨延昭策马来到寨前，孟良和焦赞便双膝跪倒在杨延昭的马前。杨延昭赶紧下马，一手拉起孟良，一手拉起焦赞，大声笑道：“得此两员虎将，本元帅犹如猛虎添翼，何愁辽寇不灭?”

于是，孟良在山寨大摆酒宴，庆贺三天，然后一把火烧了山寨，率领全寨人马与宋军合兵一处，经罕山向幽州进发。从此，孟良、焦赞就成了杨延昭元帅帐前的正副先锋官，并在沙场屡建奇功。

但可惜的是，孟良山上宏伟的孟良山寨却因此而不复存在。

韩郡王看女儿

韩信的后人北齐郡王韩轨膝下生有七郎八虎，但只有一个女儿，韩轨把她视为掌上明珠。待嫁之年，千挑万选，最后为她选中了榆次乌金山脚下一家大财主的小儿子为婿。此子排行老九，虽无功名在身，但精明能干，诚实本分，与韩郡主夫唱妇随，彼此恩爱，日子过得非常甜蜜。

但家庭大是非就多，特别是妯娌众多闲话就多，难免彼此间你高我低，东长西短。更因为九媳妇的父亲身为郡王，声名显赫，少不得就被妯娌们嫉妒。她们就有意无意地在郡主面前说些不中听的话。一天，妯娌们又聚在一起，聊起了各自父母时不时来看望自己，如何如何亲热，如何如何高兴。聊得热火朝天，不亦乐乎，唯独韩郡王的女儿默不作声。这时，大妯娌蹭过来低声问："老九家的，你爹怎么不来看你？"

四妯娌撇撇嘴说："嗨！人家父王那是什么地位，还会看得上咱们这样的小户人家？"

五妯娌也接茬儿说："谁说不是？人家怎么会到咱这穷地方来呀！"

话正说着，婆婆从外面走进来，听得媳妇们这样说，心里也觉得酸酸的。是啊，人家贵为郡王，怎么会看得起咱家？心里想着，嘴里说道：“亲家乃一人之下，万人之上，不来咱家拜访也情有可原。”

大家你一言我一语，把个韩郡主说得脸上红一阵白一阵，心里很不舒服。尤其婆婆的两句话，更让她心里不是滋味。

转眼到了春节，郡主夫妇相随回到郡王府拜年。女儿见到父王便埋怨道：“女儿自嫁出门去，这么长时间父王也不来看望女儿，拜访亲家，以至备受公婆和妯娌们嘲讽。父王对女儿太不关心。”说着，竟然掉下泪来。

郡王听了笑着哄劝道：“父王公务缠身，不得空闲。再者实在不愿叨扰亲家。如果是这般原因让女儿在夫家受众人冷眼，这也无妨。过些日子我就去看你，也拜望一下老亲家。”

于是，过了年，韩郡王就给亲家下了帖子，说是要到府上拜访。

果然，这一天村里来了一哨人马。笙箫齐鸣，旗幡招展。金爪、钺斧、朝天橙半付銮驾，常侍、护卫、御林军前呼后拥。近千人马，浩浩荡荡，开进村来，场面十分宏大气派。

郡王爷来看女儿，拜访亲家，这下可把夫家忙坏了。且不说如何款待王爷，就是饮牲口的水就把一帮家丁累得死去活来，几乎把井水都淘干了。婆婆和妯娌们也跑前跑后，累得腰酸腿痛。好在郡王只是来看望女儿，拜访亲家，稍作停留，就向亲家告辞。如果郡王要在这里吃饭，那上千人马一顿饭说不定就要吃掉他们三年的口粮。即便如此，光马匹草料就让夫家供应不迭。

好不容易等到郡王告辞，大队人马开出村去。婆婆已经累得躺在炕上不能动弹了。等众媳妇来看望婆婆，婆婆生气地对她们说：“再让你们嚼舌头，我一个个撕烂你们的嘴！”

众媳妇听了，一个个面面相觑，只有郡主心里暗暗发笑。

九峰塔的来历

一天早上起床，郡王韩轨的女儿韩郡主在家里发现自己的一只耳坠不见了，便对丈夫说：“我的耳坠找不到了，这可是我爹给我的陪嫁。我爹再三嘱咐我千万不要丢失，现在只剩下了一只，这可怎么办呢？”

丈夫听罢，就帮她四下寻找，可他把屋里屋外犄角旮旯找了一个遍，就是找不到妻子的那只耳坠。丈夫便安慰郡主说：“不要着急，等我再给你配一个也就是了，你的那个耳坠看上去也并没有什么特殊，一定能照原样配上的。”

郡主说：“也只能如此了。”

郡主的丈夫是个买卖人，常外出到全国各地去做生意。于是，他就带着妻子的另一只耳坠，下苏杭、走湖广，寻遍了浙、皖、赣、闽、川、云、贵，且不说能否配到耳坠，一路走来竟无一人认识那耳坠究竟是什么材料做的。那只耳坠似金非金，似玉非玉，许多珠宝商人看了那耳坠都摇摇头说没见过。丈夫不能给爱妻配上另一只耳坠，心里很是着急。

这年四月初八，正值乌金山庙会。丈夫随几个朋友上山赶会，他们来到太清宫门前，看到一群人围在一边十分热闹，他们凑过去一看，原来人群中坐着一个算命的瞎子。那瞎子面目清癯，宽额尖嘴，其貌不扬。虽然眼睛看不见，但却神态安详，一脸的高深莫测。只听他口中念念有词：“天上事，地下情，过去因，后来果，前三世，后三生，瞎子心知肚里明。”

丈夫心想，看来这瞎子不是等闲人物，不妨问一问他是否认得那耳坠。于是便挤进人群说：“这位师父，我这里有个东西，你给断一断是何来历，如何？”

瞎子接过耳坠仔细地摸了又摸，然后站起来拱一拱手，神情庄严地问道：“公子是何方贵人，怎么会有这样的宝贝？”

相随的朋友对瞎子说：“他是韩府的郡马。”

瞎子恍然道："哦，我说呢！这就不奇怪了。"

郡马问："难道师父认识这东西？"

瞎子说："此非凡间之物，只因机缘坠入红尘。"

郡马听罢似信非信："那么到底是什么东西呢？请师父指教。"

瞎子说："此物看上去似金，触摸着如玉，但既无金之沉重，又无玉之冰冷，此乃是月中之桂。"

郡马忙说："师父能不能告诉我它的来历？""这耳坠原来是一双，另一只被夫人不小心丢掉了，师父看看是不是能配上？"

瞎子说："当年吴刚因犯天条，被贬到广寒宫伐桂。玉帝答应何时伐倒月宫桂树何时开脱吴刚罪孽。那桂树为嫦娥仙子所植，乃天上一神树，一斧头砍下去原本没有多深的痕迹。而斧头拔出，随即复原如初，哪里能伐倒。但那吴刚为了早日解脱罪孽，每日砍树不止，不敢懈怠。只是每隔八百年才可砍下一段小枝。公子的耳坠就是月宫桂树上的小枝做成的。"

郡马一听叹口气说："看来这另一只耳坠是配不上了。"

瞎子说："九州茫茫，即便吴刚砍下了树枝也不知会掉到哪里。要配上实在是难，这就全看机缘了。"

郡马说："师父既然知道这个宝物的来历，想必就有办法让在下找到，请师父指点一二。"

瞎子说："不敢不敢！待我慢慢算来，看看郡马可有此机缘？"

瞎子掐指一算然后拍一下手说道："郡马真是大福大贵，今年正好是又一个八百年，八月十五桂树落地，正好落在乌金山鳌头之上，郡马到时可去寻找。"他还告诉郡马去找的时候要带上这只耳坠，同物见面便可熠熠生辉。

郡马听罢十分高兴，便要以重金相酬，瞎子坚辞不受，说："他日应验，郡马多做一些功德便是了。"

转眼到了八月十五，郡马果真在乌金山找到了那枝坠入红尘的桂枝，然后琢成了另一只耳坠。他想起了瞎子说的话，便捐银在乌金山捡桂处建了一座九层高塔，取名为九峰塔。并在塔院附近广植桂花，以谢吴刚砍树之劳。后来不少文人墨客、秀才举子每逢大比之年都要到山上拜祭九峰塔，并折一枝桂花，以求榜上有名。后来人们就把考上进士称作"蟾宫折桂"。据说唐朝女皇武则天的宰相狄仁杰也曾上乌金山折桂，后在唐高宗上元年间金榜题名中了状元。

后来人们传说，那个算命的瞎子原来是文殊菩萨变化而成的。

袁天罡李淳风不如老娘的脚后跟

唐朝贞观年间，唐太宗李世民手下有两个军师，一个叫袁天罡，一个叫李淳风。两人不仅上知天文，下知地理，而且能掐会算，可知过去未来，是中国历史上的两个奇人。

话说这一年，两人到全国各地游历名山大川，有一天来到了榆次的乌金山上。此时正值盛夏，天气十分炎热。尽管乌金山是清凉胜境，但也难免口干舌燥。二人走得累了，便在一棵大树下歇脚。这时从前面走来一个老太太，年纪看上去有六十多岁，但老人家精神矍铄，步履轻盈。路中间长着两棵大树，根系交错枝叶相连，两树干间有一个不宽的缝隙。袁天罡便对李淳风说："咱俩不妨算一算，看这位老人家是从树的哪面走过来的。"

李淳风说："行！"

于是两人都举起手掐指一算，一个说走东面，一个说走西面。他们眼巴巴看着老人家走到树前，既不走东，也不走西，身体一侧，从树的中间蹭了过来。两人很是惊异，便问老太太："老人家，你怎么不走树的两面呀？"

老太太笑一笑说："大路朝天，不走两边！"

两人听了四目相望，无言以对。

说话间两人觉得饥肠辘辘，便问老太太附近哪里有店家。老太太说："店家倒是没有，如果两位先生不嫌，我家就在前面不远的冀家山。"

既然没有店家，也不能饿肚子啊！于是，二人便跟随老太太来到家里。老太太问两人想吃点什么，两人说无端叨扰，不拘什么，能充饥就可以。老太太说："两位先生远道而来，我给你俩包饺子吃吧。"

两人问是不是会很麻烦？老太太说："不麻烦，不麻烦，很快就好。"

说话间老太太把一把茶壶坐在火上，不慌不忙地和好了面，剁好了馅儿，并给两人面前放好了碗筷，调好了盐醋。这时茶壶的水也烧开了。老太太揭开壶盖，盘腿坐在炕上，背朝茶壶，包一个朝后扔一个，不偏不歪，正好扔到壶里。扔一个生的往外溅一个熟的，溅起的饺子又刚好落到两人碗里，两人都看呆了，竟然忘记往嘴里送饺子。

"你们倒是吃啊！"老太太提醒他俩。

饺子很快包完了，老太太下了炕说："两位先生慢慢吃，天马上要下雨，我把院子里晾晒的东西拾掇拾掇。"

听老太太一说要下雨，两人又掐指一算，没雨呀！就对老太太说："天气这么晴朗，我们算出来不会下雨呀！"

他们的话音还没有落下，突然间狂风骤起，阴云密布。两人惊得目瞪口呆，他们急忙问老太太："老人家，你怎么知道会下雨？俺们怎么没算出来呀？"

老太太说："两位先生，没什么奇怪的，不过就是凭着两个脚后跟。右脚后跟一发痒，就要刮风，左脚后跟一发痒就要下雨。今天两个脚后跟都发痒，那就又刮风又下雨。"

两人好奇地问："脚后跟就那么准？"

老太太说："准着呢！袁天罡、李淳风不

如老婆子的脚后跟！晓未来，知过去，难算罕山下时雨。”

袁天罡和李淳风听了，羞得简直无地自容。

和尚开玩笑

传说很久以前，乌金山周边几十里都是茂密的松林，人们称为四十里黑松林。其中的龙王山、大洪山和要罗山这三座山上分别各有一处大寺院，都是榆次著名的道场。各山寺院里佛祖端坐、菩萨胁侍、天王护法、罗汉林立，栩栩如生。每逢初一十五、大小节庆，各寺内香客盈门、紫气缭绕。佛国圣境，热闹非凡。而三个寺中的和尚因为都是佛门子弟，相处非常亲密。三个寺院约定，无论哪个寺院有事，即以急促钟声为号，彼此相互救援。就这样，三座寺院互相帮助，互通有无，多少年相安无事，香火久盛不衰。

这一年，要罗山寺院里的住持和尚圆寂了，新管事的小和尚闲着无聊，突然想起了三方约定。他心想：师傅没有了，这约定也不知管不管用？便想试一试，于是他就撞起了大钟。急促的钟声在山间回荡，龙王山和大洪山的和尚听到钟声，急忙集合起来前往救援。等他们气喘吁吁跑去一问，要罗山的小和尚却笑着对他们说：“我是想试试你们，看看我们以前的约定还灵不灵？”两山赶来救援的和尚们一听都很生气，再三叮嘱小和尚以后千万不要开这种玩笑。两山赶来救援的和尚都怏怏不乐，无精打采地各自回山。

事过一年，小和尚想起了上次撞钟的事，也觉得没趣。心想：“我惹恼了人家，也不知以后我的寺院里有事人家还管不管？”想着想着，他的心里越发感到没底，便又想撞钟试试。和上次一样，洪亮的钟声在山间回荡。工夫不大，龙王山和大洪山的和尚们又都急急地赶来救援。等他们赶到以后，发现要罗山寺院里没有任何异常，他们感到奇怪，就问小和尚寺院发生了什么事？小和尚对他们说："没有什么事，我只是想看看你们还会不会来。"

赶来救援的和尚一听简直火冒三丈，二话不说就各自回山了。

又过了半年有余，有一天要罗山突然失火，火势很快蔓延，眼看危及寺院的安全。小和尚急得团团乱转，他突然就想起了三寺院的约定，急忙来到大钟的前面，连连地撞钟求救。可无论小和尚怎么撞钟，都不见人来。其实龙王山和大洪山的和尚们都听到了钟声，他们以为又是小和尚开玩笑，所以谁也没有在意。结果火势越来越大，烧红了半边天。这时候，龙王山和大洪山两山的和尚才知道这回是真的出事了。可一切都已经晚了，大火烧了几天几夜，四十里黑松林几乎被烧了个精光，要罗山的寺院也被大火吞没。从此，要罗山就变成了一座荒山。而龙王山和大洪山都在大火中幸免于难，一直到今天依然绿树葱茏。

没德变有德

在乌金山镇有一个名叫郑家庄的小山村，这个小山村住着百十户人家。由于这个村石厚土薄，乡亲们的日子过得都很清贫。但邻里之间互帮互助，显得十分和睦。

村里有个人名字叫郑有德，当年跟着远房亲戚跑了几趟关东，挣了一些钱，成了本村唯一的财主。他有了钱之后，就忘记了当年的穷弟兄们，竟然在村里放起了高利贷。他对乡亲们的剥削实在是太厉害了，驴打滚儿的利息让村民叫苦不迭。用他的话来说就叫做“母羊下母羊，三年五只羊”，意思是钱在他手中，三年就能赚回本钱的五倍。因此，他向乡亲们放贷也必须按这个算法计算利息，不出高利息休想借出他的半文钱。就这样，没有几年工夫，郑有德就变成了当地赫赫有名的大财主，而村里的人却一天不如一天，穷得叮当响，常常吃了上顿没下顿。于是人们送给郑有德一个外号叫“真没德”。

民国二十二年，郑家庄一带遭了百年罕见的大洪水，全村人都跑到乌金山一个小山头上避难。穷人们没有值钱的东西，只把粮食吃食带在身边。而郑有德却只顾拿他的金银财宝，收拾了满满一包放在驴背上，也匆匆跟着大伙跑到了那个小山头上。那时候，郑有德虽已是满头大汗，精疲力尽，但看着许多金银财宝没有被大水冲走，心里还是乐滋滋的。

洪水不大工夫就把小山头包围起来，这里成了一个孤岛。到了晌午时分，大家饿了，就开始埋锅做饭。只是到了这时候，郑有德才发现自己光顾了他的金银财宝，而连一粒粮食也没有带来。望着眼前无边无际的大洪水，实在是后悔不迭但又无可奈何。但转眼一想，他就又把心放到肚子里了。等一两天退了水不就有吃的了吗？一两天哪能把人饿死？因此，每当人们吃饭，他就躲到无人处看着眼前的一片汪洋大水发呆，心里默念着：“老天保佑，快让洪水退了吧！”

但老天没有遂郑有德的愿，一天、两天、三天……一连四天过去了，洪水仍无退意。郑有德实在饿得受不住了，便硬着头皮对大家说：“请卖给我点米面吧！要多少银子都行。”

有一个人对他说：“现在要银子有什么用？不能吃不能喝的，不卖不卖！”

郑有德饿得心里发慌，央求道：“银子日后会有用，救救命吧……”

另一个人说：“要卖也行，可你的这包金银财宝只值一个窝窝头，我借给你三个窝窝头，好保住你的命。但你还该我两包金银财宝，你要立下字据，一天不还，就再加一成。反正你有的是钱，不差这仨瓜俩枣。你要是不愿意，咱也不勉强。”

郑有德听了，简直无地自容。悔不该当初赚了点钱就变得六亲不认。越想越觉得没脸面对众乡亲，“要知现在，何必当初？”想着，他就不禁长叹一声说：“报应啊报应！”说完，就扔下那包金银财宝，径直朝坡下的大水里走去。

大家见郑有德要寻死，便一拥而上把他拖住。一个老者说：“大家是跟你开玩笑，乡里乡亲的，哪能见死不救？”说着就把几个窝头递到他的手里。

郑有德赶紧接过来说：“我把这包金银财宝都给你……”

那老者说：“要那么多钱有什么用啊？生不带来，死不带去，再说我也不能乘人之危，做那种缺德的事啊！我不要你的钱。”

郑有德听了悔恨交加，止不住泪流满面。

在乡亲们的接济下，郑有德终于度过了难关。

等水退了，郑有德把积蓄的钱财全部拿出来，帮助村里修桥铺路，开山挖煤，几年光景，村里的人就过上了好日子。从此，人们再也不叫他“真没德”了。

善恶终有报

相传很久以前，在乌金山的西左村有个奸猾的财主，由于他刁钻吝啬，很难雇到好的佣工。于是他便想出了一个主意，放出“一年耕种十亩地，年终工钱一头牛”的话来。这么一来，到财主家试运气的

人来了一个又一个，最后财主选中了附近村里憨厚能干的张诚。

这一年，正好赶上风调雨顺，加上张诚的精心打理，到秋天地里的收成很是不错。财主和张诚都很高兴。将近年关，张诚欢欢喜喜到财主那里准备领牛过个好年。他来到财主的上房对财主说："东家，俺来领俺的牛。"

财主装出一脸莫名其妙的样子说："牛？什么牛？"

张诚说："你说过'一年耕种十亩地，年终工钱一头牛'啊？"

财主又装出一副恍然大悟的样子说："哦！你是说这个呀？你大概听错了，不是'一头牛'，而是'一瓶油'，我早就给你准备好了。"

张诚着急地说："东家，你不能说话不算数啊，你……"

财主立刻变了脸，他说："好你个张诚，都说你憨厚老实，原来你却是个刁民。想用'一瓶油'赖我的'一头牛'。一瓶油你想要就要，不要由你。再在这里捣乱，咱就惊动官府！"

张诚真是有口难辩，一肚子的火气没处撒，只怪自己少了个心眼，当初没有立下字据，如今只好吃个哑巴亏。

再说这天夜里，水晶院的住持剁手和尚念完经后对小和尚说：“明天有个上大供者，要好好迎接。”

第二天，小和尚早早起来，洒扫庭除，准备停当，开门迎候。可千等万等，只等来个满身补丁，愁眉不展的人。只见他手里提着一瓶油，这人正是张诚。小和尚很是失望。但却见住持剁手和尚衣冠整肃，降阶相迎。当他听罢张诚的一番诉说，老和尚笑一笑说：“你来世必定荣华富贵。”

小和尚听了差点没哭出声来，但张诚却是满心欢喜。他把那瓶油倒进佛堂的油灯里，就高高兴兴地下山去了。

张诚求佛的消息传到了财主的耳朵里，财主也想到水晶院求佛问卦。

这天剁手和尚照例念完经准备离开佛殿的时候，顺便对小和尚说了一句：“明日有个上小供的。”

第二天，小和尚照例打开寺院的大门准备迎客，不一会儿，他就看见有好几个人推个小车兴冲冲地来到寺院门口。小和尚大喜，来了大施主，他当然高兴，就急忙迎上前去。但剁手和尚却自顾手捻佛珠，嘴里念念有词。来上供的是个大施主，他给寺院送来满满一车油。但不管财主怎么央求，剁手和尚就是一言不发，小和尚甚是不解。等财主走后，小和尚问老和尚为何不吭声，老和尚说：“他来世必定瞎驴拉磨，一生受苦。”小和尚很不以为然。

多年以后，剁手和尚乘鹤西去，小和尚熬成了水晶院的住持。几十年里，经常来照应水晶院的正是张诚的后代。而财主家却家道中落，后继无人。剁手和尚的话可以说被一一应验。小和尚看在眼里，记在心头，这才对师父崇拜得五体投地。

据说张诚家里确实曾经有过一头拉磨的瞎驴，那头驴是不是财主转世没有人知道。但大家都说善有善报，恶有恶报是不可违逆的天理。

“油篓葬”的传说

中林山和合寺土崖边，有一个口小底大深及两丈的石砌地窖，人称“油篓葬”。

油篓葬与《周易》命理中的六十花甲子有关。相传，古代的人们认为，人的生命与六十花甲子周期相同，到60岁时就完成了一生的经历，就应当休息了。于是形成了一种风俗，凡60岁未死者，都不能在家里或者在村里生活，须到村外寻找其归宿。但儿孙们不忍遗弃老人，便在村外荒野处掘一个地窖，让亲人住在地窖里过完余生。一般人家亲人入窖后，儿孙们即开始送饭。并在每次送饭的时候都要带去一块砖，然后连饭带砖，一同吊入窖里。窖里的人吃一顿饭，就在窖周砌一块砖，窖墙砌高了，儿孙便在上边接着砌。直到窖中亲人死去，便封了窖口。由于地窖底宽肚大顶口小，状似油篓，故人称油篓葬，也称活人墓。

油篓葬葬活人，违背人道，由此引出不少悲惨的故事。如窖中人自知必死自寻短见者有之；因见儿孙不孝，送一次饭即带好几块砖而气死者有之；因野外气候不适，病死者有之。残酷的油篓葬，扼杀了人道，滋长了无道。所幸一件事情的发生，使君王改变了主意，才下令废止了葬活人的风俗，结束了油篓葬的历史。

相传有一天，一个异国的使臣带着一个活物来朝君王，并说两日之内，君王大臣、宫中差役，能认出此物，异国甘愿称臣。否则就反过来，君王必须向异国称臣。异国使臣带来的那个活物，声形似鼠，体大如猪。君王和满朝文武看了又看，想了又想，但都不知道这是个什么东西。招来宫中的差役，差役也不认识。情急之下，君王下了一道严旨：次日仍无人认出此物，文武大臣，削官为民，差役人等立刻斩首。

君无戏言，大臣差役无不惊慌失措。特别是众差役，心里更是惊慌。却

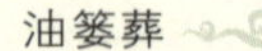

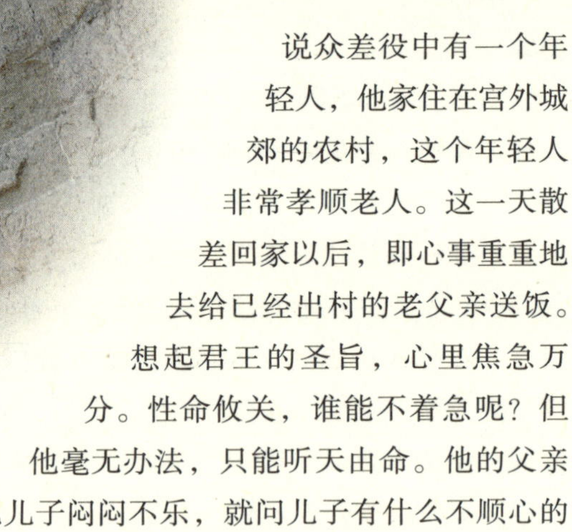

说众差役中有一个年轻人，他家住在宫外城郊的农村，这个年轻人非常孝顺老人。这一天散差回家以后，即心事重重地去给已经出村的老父亲送饭。想起君王的圣旨，心里焦急万分。性命攸关，谁能不着急呢？但他毫无办法，只能听天由命。他的父亲看见儿子闷闷不乐，就问儿子有什么不顺心的事？儿子便把宫中发生的事情告诉了父亲。父亲听后说："天地万物，相生相克。该物如若是鼠，体形再大，也必然怕猫。你明日上朝，袖内装一只猫。见到该物后，便捏一下猫，让猫发出叫声。该物听到猫叫后，若现害怕之色，就是鼠，否则就是猪。"

这个年轻人听了父亲的指教，次日上朝的时候，果然在袖筒里放了一只猫。当见到那个东西以后，他便狠狠地捏了猫一把，那猫疼痛难忍，便尖叫一声。谁知异国使臣所带的那个似鼠似猪的东西听到猫叫声，立刻现出惊慌之态，急于挣脱锁链而逃走。于是这个年轻差役当场确认，异国使臣所带之物是一只大老鼠。

鼠大如猪，世所罕见。异国使臣本想给君王出个难题让他屈服为臣，但却被一个小小的宫中差役识破，不禁佩服之至，当场说明此物为千年怪鼠，并心悦诚服，当即俯首为臣。

异国使臣屈服，君王大喜，当即下旨，将年轻差役官升七品，以示表彰。并问他怎么会想到用这个办法辨识那个怪物？青年差役不敢隐瞒，便如实上奏："这都是家父的主意。"

君王闻奏感叹道："人老虽体衰，见识胜青年；人老并非无用啊!"于是下旨诏告全国，废除人过六十岁出村的风俗。油篓葬的风俗就此废止。这个故事也一直流传至今。

神笔傅山

相传明末清初年间，傅山先生从晋阳去寿阳，正赶上大伏天，天气又闷又热。快到正午时分的时候，傅山先生正好走到了榆次乌金山脚下的一块瓜地里。当时，傅山先生是又热又累又渴，便径自走进瓜地想买个瓜吃。进了瓜地却不见瓜农，左等右等等不来，便自行动手摘了一个瓜，随手摸出两枚铜钱置于窝棚铺上显眼处，自顾解渴去了。

吃的正酣，抬头却见一个年轻的后生立在面前。后生见傅山先生一脸的文气，甚是崇敬，便把钱还给傅山，又挑了个上好的瓜给先生吃。傅山一边吃瓜一边和后生拉家常。

吃完瓜之后，傅山先生说："既然你不要钱，那我就给你画一幅画吧。"说着，便向后生讨要笔砚。后生高兴万分，三步两步从村里找来纸墨笔砚，气喘吁吁地送到傅山的面前。

傅山先生铺开纸拿起笔，略一思索，三笔两笔，就见一棵白菜跃然纸上，白菜上还趴着一只蝈蝈。画完以后先生说："这张画可以帮你预测天气阴晴，虫在菜叶上是晴天，虫在菜叶下则是雨天。"后生听了将信将疑。

傅山画完画交给那个后生以后，就告辞走出瓜地继续赶路。

这一年秋天到了，大家都忙着收割庄稼，打场晾晒。小后生正给一家财主打短工，突然想起先生的那张画，便把他贴在工房里的墙上想验证虚实。

一天，晴空万里，东家吩咐后生打场碾谷子。小后生身体正不舒服，躺在铺上实在不想动，无意间看见画上的蝈蝈趴在了白菜叶的下面。后生很是惊奇，莫非先生说的话是真的？他赶紧爬起来跑到场院告诉东家说要下雨了。

东家看看天，天空万里无云，一碧如洗。

“大白天说胡话，还不快去打场！”东家不耐烦地说。

谁知话音未落，不知从哪儿飘来几块云彩，顿时就遮住了天空，紧接着，雨就从天上洒下来。结果东家摊在场上的粮食来不及收起，就被雨水淋了个透湿。

东家不信后生的话，结果沤了粮食又费了工。

谁知这雨下起来就没完没了，一连几天淅淅沥沥，下个不停。这一天清早，后生又发现那个蝈蝈爬到了白菜叶的上面。他便急忙去告诉东家，今天是晴天，可以干活了。

东家看看阴沉沉的天空还是将信将疑。但不一会儿就雨过天晴，阳光普照。这一下东家服了。他便问那后生，后生是个老实人，他就一五一十把这张画的来历说给了东家。东家甚是高兴，便说这么好的画贴在工房有点糟踏，不如贴在他的正房里。

后生虽然不乐意，但他又不敢不从，害怕东家把他辞了，所以就把画给了东家。令人蹊跷的是，画自从贴在了东家的正房里，画上的蝈蝈就不见了，只剩了大白菜。没过几天，大白菜也由绿变黄，最后就只剩下一堆枯叶。

荣门武杰的故事

榆次乌金山里有一条沟，名曰大佛沟。大佛沟里有一座庙，叫做大佛庙。早些年大佛庙里住着一个道士，他是榆次荣村人，叫侯树林。因为他排行老三，故而人称荣村三。荣村三自幼习武，曾遍访国内的名山大川、高手名师，因此在形意拳上造诣精深。阎锡山曾以高官厚禄请他去为其效力，但荣村三深恨阎锡山，便直言拒绝并愤然到大佛庙出家为道士。荣村三个儿不高，所以当地人又尊称他为“小道人”。

荣村三的形意拳修炼得可以说是炉火纯青，据说能前窜一丈，后纵八尺。能在空笸箩上绕走盘根步法，一个大木杆使得神出鬼没，双掌齐出能削砖碎石。

大凡榆次的老年人都记得荣老拳师当年的一件事。那时日本人侵略中国，榆次沦陷。日军烧杀抢掠肆意欺凌我同胞。老百姓在日军的铁蹄下受尽苦难。有一天，一小队日本兵路过乌金山大佛沟，正赶上肚中饥饿，只见沟里有一座小庙，像是有人居住，便想到里面找点吃食。刚刚走进庙门，就见一个人迎了出来。这六七个日本兵见从庙里走出个身高不满五尺的道士来。其人貌不惊人，但却双目如电，很是威风。日本兵的一个小头目想自己人多，而他却单身一人怕他何来？于是上前喝道：“你的，有好吃的，拿来，米西米西!”

道士微微冷笑道：“好东西有的是，有两个朋友不答应!”

日本人问："什么朋友的干活？"

道士双拳一晃说："就是这两个朋友！"

"啊！巴格呀鲁！"日本兵气得大声咆哮。提起三八大盖就要刺来。只见那道士双脚轻点，动作如风，日本兵只见一团拳影闪动，只觉得眼花缭乱，片刻工夫，手里的大盖枪就不知去向。道士冷笑道："谁敢上来？"

七八个日本兵一起涌了上来，但还没有近得道士的身就被抛出老远，狠狠地摔在地上半天不能动弹。日本兵爬起来后一个个面面相觑不敢再上，知道今天遇到了高手，急忙呜里哇啦地叫着狼狈逃窜。

这位小道士就是荣村三。

荣村三老拳师神功威震敌寇，他的英名更是远播三晋。投师学艺者不计其数。老人家一片爱国忠心，全部倾注在教授徒弟上，盼着他们将来学成以后保家卫国。

这一日，荣老拳师正亲自执教众弟子练功，突然一个弟子进来报告："师父，听说南京要设擂比武啦！"

老拳师还未开口，众徒弟们便嚷开了："师父，机不可失！"

"师父，不能错过这个机会！"

"荣门十虎"个个摩拳擦掌，跃跃欲试。

只见师父沉思片刻开言道："南京比武，不比寻常，先要在区、县、省三级夺标才能上南京。我看还是让郭凤山、侯俊宾二人先去，尔等日后再说。"然后他对二人说："随我来！"二人随师父进庙，荣老拳师又亲授几招绝技。第二天，二人收拾停当，然后拜别师父和众兄弟走出庙门。

郭凤山、侯俊宾二人连闯三关未逢对手，获准到南京比武。这一日他们来到南京，比武场上人山人海。高高的擂台上，南拳北腿，百家争雄。各路英雄正龙争虎斗，难分高下。真是八仙过海，各显神通。

郭凤山正要上去一试身手，不想师弟侯俊宾早已飞身登台，须臾间连胜几名高手。但"强中自有强中手"，侯俊宾却被一个高手打败。这一下惹恼了郭凤山，他大喝一声，纵身一跃，轻轻落到擂台上，只三招虎扑就把那人凌空抛到台下。

郭凤山体如金刚，功夫过人。把把不离鹰爪，式式不离虎扑，猛冲猛打击败诸多高手。眼看他夺魁在望，却见一人登上台来，此人年纪不大，却是生得精壮。二人过手几招，明眼人就已经看清楚，他们正是强龙遇猛虎，要有一场好斗。果真，二人斗了二十几个回合不分胜负。惹得郭凤山性起，一路虎扑，直逼得对手退到擂台边上，眼看就要坠身台下，那人迎门踏挡，打成了平手，同时得到奖励。

郭凤山和侯俊宾得胜回到山西榆次乌金山大佛沟大佛庙里，不想庙里冷冷清清，只有师父独自打坐。原来他们走后，那几个日本兵记恨当年之事，前来对荣老拳师进行报复，众弟子死的死伤的伤。荣老拳师当时不在庙里，回来后庙里的情景真是惨不忍睹。

“这里不是久留之地。”荣老拳师说。

郭凤山听从师父的嘱咐，在榆次城里开了一家国术馆。那时候，他的一个师弟刘化青已经在北山游击队当了队长，郭凤山受到他的影响，把国术馆变成了游击队的交通站。并在城里通过各种关系搜集日军的情报，然后送上北山。从此，日军出兵，屡遭惨败。他们不知道游击队何以每次都知道他们的行动？

国术馆与北山游击队的频繁来往，逐渐引起日军情报机关的注意。这一日，一队日本宪兵来到国术馆，将郭凤山“请”到了宪兵队。先软后硬，逼他交代与游击队的关系。郭凤山想起被日军杀害的师兄弟，顿时满腔怒火冲向顶门。他踢翻桌子，怒斥敌寇，与众多宪兵好一场恶战。但终因寡不敌众，中弹身亡。一代拳师，为国殒命。噩耗传来，游击队人人落泪，队长刘化青决心为师兄报仇雪恨。

郭凤山为国捐躯，刘化青心如刀绞。他决定率队出征，为师兄报仇雪恨。

这一日夜里，伸手不见五指。游击队趁着夜色悄悄向榆次城进发。

榆次城里万籁俱寂，日本宪兵队部却灯火通明。日本兵正在那里寻欢作乐。这时候门一响，一个日本小头目醉醺醺地从门里走出来。还没等他站稳脚跟，一个人就把他拦腰抱住摔倒在地，只见寒光一闪，那个日本兵哼了一声就再也没有了声音。这时，日本宪兵队的后院突然起火，火光映红了半边天。宪兵队里乱作一团，一些宪兵从屋子里冲出来，迎面响起了爆豆一般的枪响，几个日本鬼子应声倒下。

这是刘化青的游击队袭击了榆次城内的宪兵队。刘化青知道自己深入敌巢的危险，所以他必须速战速决，尽快撤出战斗。

就在他们刚刚撤出榆次城的时候，日本兵已经组织起力量开始追剿。

刘化青按照预先设定的路线，向乌金山一带撤退。这时候，天已微明。在大峪口进山的路上，追击的日本鬼子又遭到了地雷阵的袭击，死伤惨重。他们不敢贸然进入沟壑纵横、密林蔽日的乌金山，只好抬着死伤的鬼子垂头丧气地缩回榆次城。这一仗打得非常漂亮，刘化青的英名威震太行。鬼子简直草木皆兵，吓得龟缩到城里很长时间不敢出来扫荡，并悬赏千元买刘化青的人头。

有个密探名叫“二蛤蟆”，他不知道怎么打听到刘化青这几天正在山庄头一带开展工作。山庄头位于榆次城东北山区，这里沟壑纵横，地势险要。这一天刘化青正在村里宣传抗日，没料到鬼子突然就进了村。鬼子荷枪实弹挨门挨户地搜查，刘化青想走已经来不及了。只见街心有一棵合抱的核桃树，树冠如盖，枝叶茂密，他便纵身跳到树上。谁知天公不作美，一小队鬼子偏偏就坐在这棵树下休息。

刘化青在树上非常着急，假若其中的一个鬼子抬起头往树上看看，那可就不好办了。他手执驳壳枪，紧张地望着树下。就在这时，只见军属王大爷一手端着一盘红红的大枣，一手提着一篮鲜桃，满脸堆笑地走到鬼子跟前说：“太君，吃些解解渴！”

鬼子一见就像一群饿狼，涌上前来你争我抢，好不热闹。正在这时集合的哨声响起，鬼子匆匆忙忙地离开大树。这时候刘化青才跳下大树，来到王大爷院里。“我的老天爷！吓死我了！”王大爷说。他见到刘队长安然无恙，这才松了一口气。

刘化青在王大爷耳边耳语了几句，王大爷就悄悄地出村去了北山。刘化青来到一个四合院的房顶上，鬼子的头头正在这里休息。刘化青从房上揭起一块瓦扔到了院子里。密探“二蛤蟆”耳朵真灵，他听到声音就说了一声：“有人!”

鬼子一听就赶紧来到院里。还没有等到他们看清是谁，刘化青一梭子子弹就出了膛，当时就撂倒了两个鬼子和“二蛤蟆”。然后他穿房越脊，跑到了村外。鬼子赶紧集合追赶。刘化青在前面跑，不时回头打两枪。鬼子一边放枪一边拼命地追。直追到鬼头崖，前面的人影不见了。鬼子找不到人，就想撤回到村里。不想四周突然枪声大作，原来鬼子进了游击队的包围圈。鬼子知道中了圈套上了当受了骗，急忙逃跑，结果死伤大半。

孤胆英雄，游击队长刘化青又打了一个漂亮仗。

第三节 民俗民谣

民俗和民谣都是民族文化的积淀，是民族心理的写真，是民族灵魂的支撑。乌金山一带由于地理环境的孕育，有着它独特淳朴的民间习俗。其中，民歌和民谣是劳动人民生活的艺术再现，是他们对美好生活追求的咏唱，同时也是民族文化、民族心理不朽的根基。通过这些民俗民谣，不仅可以更加准确地把握特定历史时期特定地域人们的生存状态，而且能够从中得到真善美的启迪和陶冶。

吹奏

舞狮

二鬼摔跤

庙会

民　俗

龙王山古庙会

农历四月初八，是龙王山传统古庙会日。会期共三天，会址设在水晶院及院周山上和接神坪。

龙王山古庙会由大峪口、平地泉等八社村轮流组织，庙会内容有接神送神、社火表演、上香还愿等，届时还有戏班在寺院的戏台上唱戏助兴。

接神送神的仪式在水晶院西的接神坪举行。

旧时人们认为供奉菩萨可为村里人带来吉祥。于是八社村每年轮流有一个村从水晶院请一尊菩萨，谓之“请神”。次年庙会之日，该村即将所请菩萨送至接神坪，谓之“送神”，然后由另一社村从接神坪将菩萨接走。这就是接神送神的全过程。

接送菩萨的仪式非常隆重，也是庙会的主要内容。接送菩萨的两个社村都各请有吹打乐班、铁炮队、社火班并随队进行表演。特别是在交接菩萨时，乐班、炮队、社火班均在接神坪进行正式表演。届时铁炮轰响、鼓乐齐鸣，好一番热闹景象。特别是耍镲的、抬铁棍的、马戏团的表演，更是技艺精湛，令人叫绝。在各村令人惊叹的精湛表演中完成接送菩萨的仪式。

上香还愿的活动一般在水晶院举行。庙会这一天，善男信女们在看罢红火以后，都要到庙中上香礼佛，祈求平安。特别是一些想求子的家庭，夫妻多要去水晶院的奶奶庙中请愿许愿，得了子女的要去还愿。请愿即根据家庭想添男丁或想添女子的意愿，到奶奶庙中烧香并许愿，然后将庙中的男泥娃或女泥娃请回家中。待生下孩子，如愿以偿后即来庙中还愿。还愿的时候请愿者即将所请泥娃送回，同时抱着自己生的小孩，并在小孩脖子上带上草架架。草架架呈五角或圆形，上插鲜花，垂于胸前，十分漂亮，形成了庙会中特有的风景。

庙会这一天，在水晶院前还有小吃、饮食、小百货、山货、农具等各种摊点招徕生意。前来赶会的人熙熙攘攘，摩肩接踵，非常热闹。只是在庙中卖饮食和小吃者，只能卖素食，不准卖肉食。而吃了肉食的人也不能进庙，否则会让菩萨知道，将食肉人如定身法一样定在寺院中不能走动。

紫金山古庙会

农历三月廿七是紫金山古庙会日。会址设在紫金山华严寺和东神幡、西神幡两道山梁上。

祈雨

紫金山古庙会是榆次城北著名的古庙会。由于紫金山位于寿阳、榆次两县交界处，这里古木参天，风景秀丽，华严寺建筑雄伟，香火旺盛，传说神奇，故每逢会期，山周两县村民争相前来赶会。华严寺和东西山梁上万民集聚，人头攒动，熙来攘往，非常红火。

紫金山庙会首先是社火活动。每至会期，铁棍、大镲、小镲、挖棍、舞龙、舞狮、旱船、懒汉推车、二鬼摔跤、杨老背妻、狮子滚绣球等文武社火纷纷在会场亮相，老百姓看得是兴高采烈，忘记了烦恼，忘记了忧愁。

其次是唱戏。每逢会期，寺庙均要请戏班前来唱戏助兴。台上帝王将相，才子佳人。台下芸芸众生，如痴如醉。

第三是接神送神，即接送文殊菩萨。会期之日，去年今天从寺庙里接走文殊菩萨像的村子在这一天要将菩萨送回庙里，再由另一村接走，这就是送神和接神。

接神和送神仪式非常隆重。送神队伍前有十五门铁炮开路，随后是十四名校尉组成銮驾队，之后是八抬大轿抬着文殊楼，文殊菩萨就端坐其中，文殊楼之后是社火队伍以及游人。送神队伍浩浩荡荡，从山谷一直爬上山顶，然后开始闹红火。最后由接神队伍将菩萨以同样的仪式接走。

紫金山庙会有严谨的组织。组织者为四社村，成员为榆次的东蒜峪和要罗村，寿阳县的胡家堙和王家庄。每年庙会由四社村轮流组织。

紫金山古庙会一直延续至新中国成立前。

龙王山祈雨

祈雨是一种迷信习俗，是旧时山民们为了生存而把希望寄托于天神的无奈之举。

旧时每逢大旱，榆次涧河流域的山民们即举行祈雨活动。祈雨也称“拜水”，其方式分文祈雨和武祈雨两种。文祈雨也称“善拜水”，地点在龙王山（亦称乌金山）。仪式由高壁村主持，其方法较为简单，只需念经即可。武祈雨也称“恶拜水”，地点在紫金山，一般由东蒜峪村主持。祈雨人需肩插铁钩，背横铡刀，头搂铁链，臂插九叶飞刀，情势十分壮烈。

据高壁苏河村 80 岁高龄的王三会老先生回忆说，文祈雨程序并不复杂，具体方法是：

1. 请神，也称接神。即决定举行祈雨活动后，高壁村人先到龙王山水晶院，将文殊殿的文殊菩萨请回（即抬回），放入高壁村资圣寺内神台上，然后在地上泼满水，即开始祈雨。

2. 祈雨。安好神像泼水后，六个善友面对文殊菩萨，跪在泼满水的地面上开始念经。念经的善友与菩萨之间放一个开盖的空水瓶，瓶内插一根不点燃的细香，名为验雨香，用来验看是否能祈来雨，祈来的雨有多大。山民们认为，玻璃水瓶（即酒瓶）隔潮，地上的水不会将香浸湿。而地上的潮气只能从小小的瓶口进入瓶中，如进入瓶中的潮气将香浸润潮湿了，则说明祈来了雨。如香没有潮湿，则说明没有祈来雨。至于所祈的雨有多少，则以香潮湿的高度看，如香潮湿一寸高，则表示祈来一寸雨，香潮湿二寸高，则表示祈来二寸雨，以此类推。

瓶内的香插好后就开始诵经文，经文内容以六个善友的文化程度而定。善友文化程度高的，可围绕祈雨内容发挥，多念几句。善友文化程度低的，可将“南无阿弥陀佛”一句反复念读。念经需有节奏，并配有寺庙音乐，声音节奏须配合默契。

3. 验香。六个善友只管念经，祈雨活动组另安排人验雨也称验香。当验香人看到瓶内之香潮湿到要求高度，则可通知六个善友停止念经，开始等待下雨。

4. 还愿。等到老天下雨后，山民即视为祈求应验，则开始唱三天大戏，并闹红火以为还愿。三台大戏，可请名班，也可请秧歌班，根据山民的经济实力而定。至于红火，则以当地传统节目二鬼摔跤、王明和尚逗柳翠等为主。

5. 送神。唱完大戏后即开始还愿。于是高壁村人将请回的文殊菩萨神像送回龙王山水晶院的文殊殿内，龙王山文祈雨到此结束。

旧时，若逢大旱，老天数月不下雨，不仅老百姓要祈雨，就连县令也要亲自到乌金山祈雨，以示关爱他治下的子民。

县令上山祈雨是对神的哀求，必须有虔诚之心。因此，祈雨的前三天，县令要吃素斋。祈雨当日淋浴更衣后，县令即轻车简从去往乌金山（即龙王山）。来到山前，县令便下车脱去鞋袜，赤脚上山，以示对神的敬重和祈雨的虔诚，同时也显示自己对治下子民的爱护。

赤脚上山祈雨是一件非常艰苦的事，故一旦祈得雨来，官与民都会非常欢喜。据记载，清末榆次县令王有德上乌金山祈雨，返回至石阬村时雨至，王有德大喜，遂将石阬村的村名改为“沛霖”，并沿用至今。

县令到榆次就任不仅要祈雨，而且还要朝

西沙沟弥陀洞

山。从汉唐至明清以来，榆次新任县令上任后都要到乌金山朝山。

朝山活动都在乌金山的水晶院举行。朝山的目的旨在祭拜菩萨神祇，保佑全县风调雨顺，五谷丰登。当然也少不了祈求菩萨神祇保佑自己步步高升的意思。

朝山活动与祈雨活动一样严肃，同样也要先斋戒三日，沐浴更衣。与祈雨活动不同的是，县令不需赤脚上山，朝山活动的规模也比祈雨要大。祈雨要求轻车简从，而朝山却要县衙的所有官吏一律前往。

紫金山祈雨

旧时紫金山周的村民，每逢天旱即到华严寺祈雨，也称“拜雨”或“拜水”。拜水的规模有大有小，有文有武。文拜水即如上面所讲龙王山的祈雨形式，而规模最大的祈雨活动要数东蒜峪村的“恶拜水”，也称“恶祈雨”。由于其形式奇特，气势悲壮，场面浩大，在紫金山周围村民祈雨形式中极具代表性。

紫金山祈雨由许愿、戴愿、交愿、验愿、还愿五个程序组成。

所谓许愿，即是祈雨前两天村民带空水瓶到华严寺烧香发愿心，内容为：如经祈雨，天赐甘霖，村里要唱大戏三天还愿。发愿心之后，将空水瓶供于佛像前，内竖干香一支，待第三天交愿时验愿。

戴愿即为表示诚心，祈雨人身上要佩戴刑具。东蒜峪进行的是恶祈雨，故称戴大愿。

戴大愿者共有三种形式。第一为肩背铡刀；第二为搂头挎腹；第三为柳叶飞刀。

戴大愿队伍后边还有两乘神轿，一个銮驾队，四个鼓乐队（东蒜峪、西蒜峪、王堖村、马堖村各一个）和社火队，其后是随同祈雨的人们。

在祈雨组织者的指挥下，两个腕上缠着白毛巾，手里搬着小凳子的童男（小凳子均由白毛巾包裹并系有红绳）向戴大愿者磕头，然后由这个童男赤着双脚在前面引路，后面大队人马踏着黄土新垫的山道，伴随着鼓乐，由东蒜峪村浩浩荡荡向紫金山进发。

戴愿队伍来到西神幡即停下，戴大愿人即到华严寺交愿。肩挎铡刀和臂插柳叶飞刀的戴愿者跪在寺门口，由人将刀钩卸下隔墙扔入寺院中，正好击响寺内所放的铜锣为交愿。戴铁链者以链在铜锣上来回拉动发出刺耳的声响为交愿。

交愿后人们将女性未看见过的香灰捂在戴大愿者的伤口上并包扎好，即一同去吃米汤捞饭咸菜。组织者即去观察许愿时放在佛前的空水瓶里干香的潮湿程度，潮湿部分长即为雨大，短则雨小，此即为验愿。

验愿后人们即回村等候。一旦落雨，即视为祈雨成功，于是村人便组织唱三天大戏，此为还愿。唱大戏期间，还组织文武社火绕村街与寺庙游行以示庆贺。至此紫金山祈雨的五大程序方告完结。

民　谣

我家有个抗日郎

我家有个抗日郎，
抗日决心强又强。
郎君他参加了八路军，
抵抗日本鬼子保家乡。

村里的锣鼓满街响，
郎君披红又戴花。
离别父母和妻子，
背上“三八式”上战场。

郎君参军一年整，
立功喜报送家中。
玻璃开花里外明，
你看那抗日军人多光荣。

做军鞋

八路军呀在前方，
后方拥军理应当。
代耕土地打柴火呀，
碾米磨面又运粮。

妇女们来呀做军鞋，
里里面面不掺假。
缝鞋帮子用好布呀，
纳鞋底子用好麻。

军鞋做得呀硬邦邦，
双双军鞋送前方。
子弟兵穿上新做的鞋呀，
消灭鬼子打胜仗。

地雷好像颗大西瓜

地雷好像颗大西瓜，
黑黑的皮皮黑瓤瓤。
刨开地皮埋上它，
专等鬼子来“扫荡”。

鬼子出发来“扫荡”，
地雷“轰隆隆”开了花。
炸死鬼子和洋马，
得了他的洋炮和机枪。

地雷埋在村口上，
专等鬼子来抢粮。
地雷“轰隆”一声响，
朝着鬼子开了花。

地雷埋在大门道，
专等鬼子来要姑娘。
一进大门地雷炸，
巴格呀鲁活遭殃。

地雷埋在饭锅旁，
鬼子见饭心里痒，
拿碗揭锅去舀饭，
锅旁地雷要开花。

地雷埋在水井旁，
鬼子绞水来饮马，
一上井台地雷炸，
人马一齐开了花。

麦穗黄

麦穗穗黄来谷穗穗长，
新蒸的馍馍香又香。
拿上手里吃一口，
想起了救星共产党。

春雨下在麦苗苗上，
党领着咱过上好时光。
这样大的好处不能忘，
一辈子紧跟共产党。

旱船歌

（又名“珍珠倒卷帘”，为乡间玩灯、跑旱船、推推车时所唱）

正月里来是新年，
岑彭马武夺状元。
状元夺到岑彭手，
马武倒打九连环。

二月里来龙抬头，
王三小姐上绣楼。
王侯公子千千万，
彩球单打薛平男。

三月里来三月三，
桃园结义弟兄三。
三战吕布虎牢关，
张飞鞭打紫金冠。

四月里来四月八，
梨山老母把山下。
下山不为别的事，
单为弟子樊梨花。

五月里来五端阳，
黑白二蛇闹雄黄。
三杯药酒真身露，
吓死许仙一命亡。

六月里来热难挡，
镇守三关杨六郎。
先锋大将是焦赞，
还有一名叫孟良。

七月里来秋风凉，
牵牛织女配牛郎。
一年才得一相见，
手拉手儿哭一场。

八月里来月儿明，
魏徵梦斩小白龙。
唐王天子他不信，
龙头高悬挂午门。

九月里来九月九，
孙膑下山骑青牛。
庞涓不顾同师义，
孙庞斗智结冤仇。

十月里来是冬天，
刘全活人到阴间。
下阴不为别的事，
为找妻子李翠莲。

十一月来冰成片，
唐僧取经到西天，
一路多亏孙大圣，
将经取回大唐殿。

十二月里一年满，
彩灯挂在大门前。
男女老少过年忙，
唱支珍珠倒卷帘。

喝糨糊

正月纺线二月走，
三月到了张家口。
四五月，黑头羊儿往回走，
一走走到九月九。
那一年，闰九月，
打了二斗秕荞麦。
荞麦秕，壳子大，
磨儿不快磨不下。
刀儿没刃儿案像瓦，
切下的面条四楞棍。
锅儿不开就下下，
一煮煮到半后晌。
不喝糨糊喝什么？
哈哈哈，
喝什么？

四季调

春天到来闹春耕，
拉粪耕地又下种。
高粱谷子都种下，
五谷杂粮种现成。

夏天到来先收麦，
龙口夺粮莫等待。
收罢小麦种小谷，
回茬豆子和秋菜。

秋天到来谷穗黄，
五谷杂粮上了场。
场上粮食堆成山，
等到秋罢再入仓。

冬天到来天气凉，
财主算盘乒乓响。
账上没有咱穷人粮，
劳动一年无指望。

纺织歌

春风呼呼窜，
燕儿岭上翻。
村南梨花开，
姐妹们纺织勤。
绞起你的纺花车得儿喂呀，
拉开织布机。
纺花车嗡嗡响，
天天纺花忙。
车儿呀绞得快，
线儿扯得长。
纺下的骨嘟儿细又光，
一天八九两。

织布忙又忙，
全家好时光。
布儿能卖钱，
还能换油盐。
全家大小吃个饱，
身上穿得光。

抗日政府好，
为咱出主张。
八杈杈的棉花，
人人都栽上。
努力纺花支前线，
打败那日本兵。

弯弯的涧河清清的水

弯弯的涧河清清的水，
人活年轻二十几。
好后生不知有多少，
人里头挑人选中哥哥你。
不爱你的金来不爱你的银，
单爱哥哥好后生。
不扛长工和短工，
亲哥参加武工队。
武工队，真勇敢，
专杀鬼子和汉奸。
撬铁道，炸炮台，
冲锋杀敌你在前。
石榴花开红又红，
做双新鞋送亲人。
你在队上要安心，
解放全国再结婚。

添仓节

添仓爷爷添仓来，
添仓添到俺家来。
俺家的门门朝东开，
碌碡大的元宝滚进俺家来。
黑豆喂了牛，
麻子榨了油，
茭子谷儿满仓流。
再添个黑妮子，
再添个白小子，
一天一顿浇肉面片子。

喜鹊儿喳喳

喜鹊鹊，喳喳喳，
客人就在半道上。
谁来呀？亲姐夫。
炒鸡蛋，割豆腐。
鸡蛋鸡蛋黄黄，
鸟儿盖起楼房。
雁儿过来搬到，
雀儿过来扶起。
雁儿唤来什么？
唤个来喜。
来喜来喜吃饭来！
甚的饭？

胡椒杆豆面。
一吃吃了十八碗。
还要吃，没啦来，
去到茅子厕的啦。
脏了花花新鞋鞋，
去了房上晒的啦。
雀儿啄了鼻子啦，
去了火上烧的啦。
烧了半个扅子啦，
去了门旮旯里哭的啦。

眊哥哥

心上麻烦不好过，
站在门口眊哥哥。

眊见旁人眊不见你，
长长的留下两行泪。

倒坐在门槛槛上打了个盹，
不由得想起了心上的人。

想哥哥想得魂出窍，
不小心跌到山药窖。

看见你的身影影听见你的笑，
总算是把哥哥你眊见了。

木萝萝开花

木萝萝开花串蔓蔓。
俺没老婆你没汉。
山药蛋开花五瓣瓣，
你是哥哥的亲蛋蛋。

酸枣开花一坡坡，
妹妹心中有哥哥。
荞麦花开一片白，
俺爱哥哥好人才。

榆树开花打金钱，
咱二人天生一对对。
山丹丹开花满山山红，
除了哥哥俺再没有心上人。

只想着你

黄瓤瓤西瓜绿皮皮，
心里头想你口难提。

前半夜想你扇不灭灯，
后半夜想你翻不转身。

想你想你真想呀你，
三天俺吃不下半碗米。

长长的面条软软的糕，
一辈子难忘你对俺好。

阳婆婆落在西山底，
不想别人只想你。

第四章 诗词·楹联·碑铭

乌金山壮丽的风光自古以来就是文人墨客吟咏的对象。

古今诗人以不同的目光来审视和欣赏这片古老的山林，以及掩映在山林中的红墙碧瓦……

我们可以透过这些满怀深情的诗句更加真实的感受壮丽的乌金山。

第一节 诗 词

乌金山在榆次这方土地上占有特殊的地位，古代文人曾经给榆次这座古城的风光总结出“榆城八景”，其中描述乌金山奇特自然现象的“罕山时雨”就位列八景之首，足见乌金山在榆次景观中的位置。这里壮丽的风光自古以来就是文人墨客吟咏的对象。凡是到过乌金山的人，无不被这里层层叠叠的峰峦和郁郁葱葱的山林所震撼。他们以不同的眼光来审视和欣赏这片古老的山林和掩映在山林中的红墙碧瓦，以及隐藏在山林深处的故事，为后人留下了歌咏乌金山风景的许多墨迹和诗文。这里我们选编了古代诗人和当代诗词爱好者的一些代表性诗作，以便读者透过这些满怀深情的诗句，更加真实地感受壮丽的乌金山。

古代诗词

祝颢[1]一首

憩鸣谦驿亭[2]（七绝）

暂解征鞍憩此轩，
绿荫围绕隔尘喧。
幽花细草供行赏，
似觉闲身在故园。

注释：①祝颢：长洲人（今江苏省苏州市），明正统进士，官至山西左参政。著有《侗轩集》。②鸣谦（即今乌金山镇所在地）古为驿站，居于京省官道要冲。洪武三年（1370年）鸣谦建驿馆，后增建了周长三里的驿城。清康熙帝巡晋，曾驻跸鸣谦站。

王崇庆[1]一首

寓鸣谦驿亭（五律）

火星临曙烂，
红影落空阶。
野草含初碧，
溪梅盛欲开。

还怜孤客意，
终爱济时才。
驻马鸣谦驿，
长歌一放怀。

注释：①王崇庆，开州（今四川省开县），明正德进士，官至南京吏、礼二部尚书。

陈凤梧[1]一首

晓行榆次（七律）

太行山外拥轺车，
三月风光草木馀。
倚马岩前频觅句，
褰帏道上细看书。

衣冠久沐清朝化，
土穴犹存太古居。
南望匡衡应万里，
白云飞处是吾庐。

注释：①陈凤梧，字文鸣，江西泰和人，明弘治进士，官至右副都御使。

褚铁[1]一首

罕山时雨（七律）

灵山角立势崔嵬，
叠嶂层峦次第开。
峻极北联恒岳峙，
岧峣东向太行来。

岫云若得从龙岫，
灵雨应知遍草荄。
四海苍生仰膏泽，
好为霡霂洗尘埃。

注释：①褚铁（1533—1600年），字民威，祖籍河南，榆次东白村人。嘉靖四十四年（1565年）进士，官至工部侍郎、刑部侍郎、户部尚书，加太子少保。著述甚丰，曾总纂万历《榆次县志》。

周铁[1]一首

登罕山（七律）

镇日闲居苦寂寥，
为寻登眺上岩峣。
眼明只觉云霄近，
气爽宁知石磴遥。
涧下水鸣无犬吠，
岩前尘过有人樵。
仗藜未尽名山赏，
日暮诗成兴倍饶。

注释：①周铁（1499—1548年），字汝威，号钝轩，榆次张庆村人。明嘉靖五年（1526年）进士。官职湖广道、河南道监察御史，后被追封光禄寺少卿。

刘星[1]三首

时雨（七律）

夹道千嶂仰茂林，
太行分脉石森森。
龙吟振处云常合，
岚气围时暑作阴。

万顷桑麻农夫业，
百家题咏古人心。
秋高作霁闲登眺，
似听空中隔塞砧。

井峪寒泉

峪口花飞似点棋，
每临胜境可忘悲。
神龙自有嘘云雨，
村叟常修报岁时。

清气泠泠寒色早，
幽光脉脉月明迟。
何须再问源来处，
枕漱惟人任所思。

登北山游憩和合寺归途漫赋（七律）

榆邑北山山上寺，
百寻台殿倚天开。
老僧戴笠锄云去，
野鸟衔花到院来。

古色苍茫留桧柏，
暮烟寂寞锁莓苔。
迂回荒径稀人迹，
马渡清溪缓辔回。

注释：①刘星，河北清苑人，清康熙十九年（1680年）任榆次知县，有政绩，留心文教，主修《榆次县续志》。后官至刑部主事。

王平格[1]二首

榆次风土（七绝）

一

唐魏诗存简册光，
荀文善政亦流芳。
自来勤俭称民俗，
可幸輶轩下省方。

二

中都自古产名流，
孙盛[2]芳声史乘留。
朴直遗风犹未远，
至今人说《晋阳秋》。

注释：①王平格（1802—1873年），字仲坦，榆次西长寿村人，清道光二十七年（1847年）进士，官至泽州府教授，曾纂同治《榆次县志》，著有《杏邻诗文集》。②孙盛（308—379年），字安国，晋代太原中都人。东晋著名的史学家。孙盛出身仕宦家庭，祖父孙楚为西晋文学家，父亲孙恂曾任颍川太守。他从小便受良好的文化教育。成年之后，曾任多种官职，最高至长沙太守、秘书监加给事中。孙盛一生著述颇丰，多为史籍。见于记载的有《魏氏春秋》二十卷，《晋阳秋》三十二卷，《文集》十卷。可惜，《魏氏春秋》和《晋阳秋》早已亡佚。今天我们能见到的部分佚文，分别留存在《弘明集》、《广弘明集》、《全晋文》、《三国志》裴松之注和《世说新语》等书中。

吴阐思[1]一首

神林积雪（七律）

还谁一夜运神功，
瑶树琼花照眼中，
缥缈寒光浮碧落，
琳琅清响斗春风。

却看茅屋生虚白，
遥望枫林压小红。
此地清幽真绝胜，
可容玩世鹿皮翁。

注释：①吴阐思，字道贤，清代江苏武进人，游历南北各地，著有《匡庐纪游》等书。

佚名四首

山行感咏（七绝）

山家寥落绕溪烟，
碛里风高何处田。
汗血一生煤是业，
市来能得几多钱？

初冬五龙亭晚眺（五律）

五龙亭上望，
清绝思无穷。
山色南桥外，
钟声北寺中。

残阳低蘸水，
病叶坠吟风。
何处闻歌起，
芦边有钓翁。

暮春游乌金山（五律）

宝刹居空界，
峰峦四面围，
松根穿石出，
云势挟山飞。

禽语竹间细，
僧吟花底归。
偶然相问讯，
清露湿人衣。

鹧鸪天

纯阳祖叹世

识破乾坤冷进身，
山居林下养精神。
功名未退心先退，
家计须贫志不平。
山作伴，
水为邻，
悠悠风月落天真，
世间多少红尘客，
似我清闲有几人？

当代诗词

郭齐文①三首

黑龙池远眺

传：有黑龙战于彼，败，入山蛰居，吐沫成池，曰黑龙池，祈雨辄应之。

甲残麟散泪成池，
鏖战当年梦已稀。
昔日犁农求雨处，
何其再现沛霖姿。

藏狮洞偶思

传：藏狮洞为文殊坐骑休憩处。

盘光鬲尽叹来迟，
问底寻根访坐骑。
重塑文殊期不远，
藏狮洞内复藏狮。

坊前小憩[②]

新建牌坊，石料运自浙江，共500吨，其心也诚，其工也艰。其上一副对联为余书之。

牌坊路转野花丛，
几度工艰复旧容。
联语铿锵声韵好，
谁知小憩是书翁。

注释：①郭齐文，号半痴，或署啜墨牛，吟香书屋主人，山西榆次人。曾任晋中地区史志研究院副院长，编审。现为中国书法家协会会员，中华诗词学会会员，仰山诗社社长。特长诗、书、画。书兼四体，尤善行草；画以竹石为尚；诗善近体。书法作品多次参加国内国际展赛。以上三首诗为作者1993年的旧作。②石坊指位于乌金山要道处的石牌坊，1993年建。

庞励刚[1]六首

乌金礼赞

出阁秀女尽窈窕，
凤落梧桐百鸟朝。
四海随缘连彩带，
五湖着意起虹桥。

家山故水增春色，
老友新交奏管箫。
来日金娃添笑语，
三杯再饮醉逍遥。

乌金唱晚

云飞雾漫掠九峰，
少噪昏鸦宿太清。
莽莽秋山听细雨，
声声暮鼓弄香风。

观音殿远梵歌近，
罗汉阁幽色欲空。
悟道佛灯关圣殿，
轻烟长夜有无中。

乌金寄语

先贤商旅路迢迢，
盛世乌金起大雕。
故里城头慈母唤，
八方游子竞折腰。

乌金祈福

行云布雨降甘霖，
紫气佛光佑万村。
一曲人间欢乐颂，
苍生九叩谢乌金。

乌金畅想

无烟产业千秋计，
有志男儿赤子心。
绿水青山天下客，
九峰塔底种黄金

乌金情曲

天缘掩绿户门开，
倩倩三娘②汲水来。
莫道情人非眷属，
刘郎③伴我上楼台。

注释：①庞励刚，榆次人。曾在榆次郭家堡乡政府、榆次市教育局、榆次市委办公室、晋中市监察局、晋中市纪检委、晋中市物价局等部门和单位工作。现任晋中市老年书画研究会副会长兼秘书长，晋中晋商诗书画研究院副院长，山西省诗词协会会员、晋中诗词协会常务理事。②三娘指李三娘。③刘郎指刘知远。

李彦乔①六首

惊梦

几度牵魂梦罕山，
幽林深处觅仙源。
朝饮神杯②一泓水，
日暮又期观九莲③。

笙歌一奏鸟兽寂，
妙舞罗裳彩凤惭。
意欲踏云趋倩姿，
风铃惊觉夜正阑。

鸟鸣

幽径逶迤入翠微，
晓岚正浓觅芳菲。
忽闻黄雀鸣几声，
惊醒一林巧画眉。

此唱彼和犹韶乐，
苍声未息清声随。
百鸟唤出一轮日，
世人皆醒我独醉。

听涛

千顷碧海九天落，
万种情凝一丹墨。
清风徐来浪不惊，
窃窃私语耳鬓磨。

绿波泛舟任逍遥，
大慧石旁开茅塞。
人间名利千古事，
化作荒冢徒蹉跎。

酣战

曾经双龙④战斧钺，
风骤浪涌天寒彻。
虎啸狮吼惊太行，
鬼哭狼嚎慑魂魄。

痴人说梦烟云散，
只留池鱼戏清波。
沧海桑田转瞬间，
千秋功罪任评说。

暮雨

碧山鸟语未曾歇，
夕照翡翠一顷波。
悠然林梢青云起，
半山紫雾忽聚合。

百兽未思归巢去，
翘首喜饮珠万颗。
两只白鹊乍惊起，
投进飞霞金丝罗。

凭吊

“王佐断臂”唱至今，
参禅何须血淋淋？
志笃堪道水晶院，
林下留得一荒坟⑤。

进香男女三叩首，
佛前谁个念古人？
遥想行僧抽刀日，
不知是诚还是昏？

注释：①李彦乔，河北宁晋人，曾多年在地方党委宣传部门工作，期间发表小说、诗歌、散文、文艺评论等文学作品150余万字。主要作品有长篇小说《官场》、中篇小说《女皇凤冠上的珍珠》、《子夜钟声》，短篇小说《孩子啊孩子》、《殊宴》、《琴思》等。②神杯即石坎大瑾容杯。③九莲指中林山和合寺九莲灯。④双龙指掌管水火的黑白二龙曾在此鏖战。⑤荒坟指剁手和尚墓。

韩杰[1]四首

馒头山远眺

琼琚绣出罕山衣，
景色无边各成诗。
遥望馒头[2]蒸宇地，
近观璧玉琢山姿。

素裙柔束千峰秀，
翠树乔妆万涧奇。
美景撩怀心欲抱，
日辉丽网一兜提。

状雪

山抱雪围显不凡，
台沙水浸更墨蓝。
从草戴雪如莲兔，
光照沙台现大观。

碧水盈滢浮玉兔，
清波着意戏白莲。
未曾饮酒心已醉，
疑是瑶池到罕山。

雪松吟

平生所愿秀山奇，
春尽仍邀玉雪驰。
瑶女闻召嬉碧树，
梨仙应请笑翠枝。

柏峰玉筑天宫栈，
松冠珪堆孔雀姿。
矢志终赢奇景观，
追求始获雪松诗。

雪后

美景深藏不轻显，
晴空丽日雨媚妍。
涔涔雪水沿针下，
灿灿珍珠弃树趼。

雨线珠帘林地挂，
雪团玉鸟雨中翩。
奇观迟现非松过，
雨雀同歌邀洞仙。

注释：①韩杰，山西榆次人，《榆次时报》资深记者。②馒头指馒头山，属乌金山国家森林公园境内一山脉。

李永茂[1]一首

游乌金山森林公园吟怀

青松郁郁塔尖尖，
琼阁飞来落峰巅。
泄玉成池能润墨，
削峰作笔敢书天。

晨钟一震云千里，
暮鼓三槌雾满山。
画轴四时风格异，
别存真趣蔚然间。

注释：①李永茂，山西榆次人，山西诗词学会会员，晋中诗词协会常务理事。

祁石[1]二首

感喟三娘

沤麻苦汲水，
提果幽谷逢。
立后三娘叹，
子亡后汉倾。

天缘谷感怀

险道若出凭大慧，
隐芝不采谁攀藤？
池澈无鱼君莫怨，
黑龙别后九龙迎。

注释：①祁石，字大石，又字默之。出生于寿阳祁氏书香世家。现为中华诗词学会会员，晋中市诗歌协会副会长，晋中市晋商诗书画研究院副院长，寿阳县祁氏文化研究会会长。

王卫华①一首

高山流水

咏乌金山

喜眉梢万类逢春，
好时节萋草葱浓。
艮②域沐甘霖，
青山丽日和风。
声声脆，
仓庚③啼鸣。
艳人俏，
步步莲花④，
抚弄怪柏奇松。
有金光护刹，
更隐圣藏经。
花宫⑤，
苍生占卜命，
知佛祖难断吉凶。
修正果，
好施乐善，
欲念皆空。
可笑凡夫事扰春，
心更慵。
笔写人间正义，
应放豪情。
幸钟灵，
欣芳翰除却朦胧。

注释：①王卫华，山西榆次人，榆次四中教师。现已故去。②艮，《周易》八卦之艮为山。③仓庚，鸟名，即黄莺、黄鹂。④“步步莲花”语出《南史·齐废帝东昏侯记》，形容美女款步多姿。⑤花宫即佛寺。

李玉明[1]一首

美景伴游

乌罕巍峨龙之首，
金涛碧浪拔头筹。
山林绵亘瀑深处，
美景亦醉伴人游。

注释：①李玉明，榆次六中教师。

郭福兴[1]一首

写意乌金山

请君登临乌金山，
森林公园好壮观。
千顷碧绿似画卷，
游人络绎尽忘返。

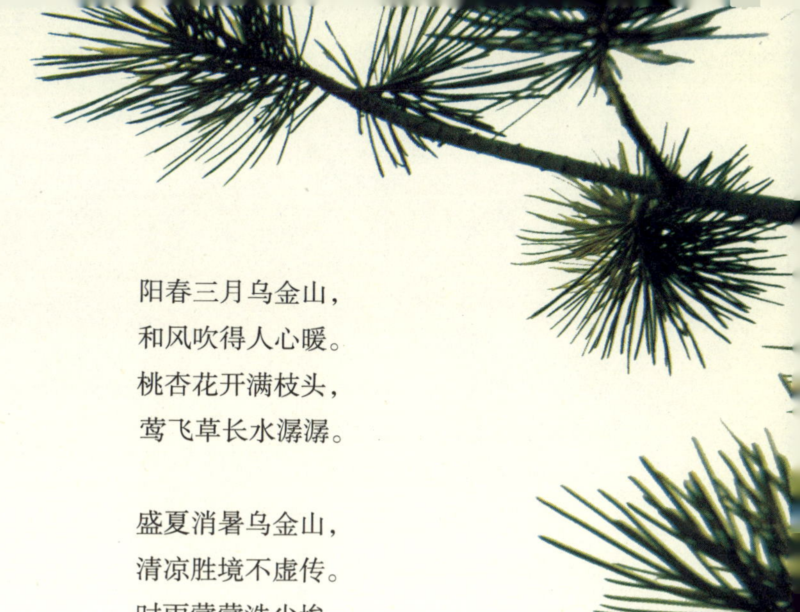

阳春三月乌金山，
和风吹得人心暖。
桃杏花开满枝头，
莺飞草长水潺潺。

盛夏消暑乌金山，
清凉胜境不虚传。
时雨蒙蒙洗尘埃，
飞瀑直下九龙潭。

仲秋时节乌金山，
满目红叶金灿灿。
天高云淡雁南飞，
登高望远视野宽。

冬日登上乌金山，
苍松翠柏叠峰峦。
林海深处听涛声，
雪后茫茫更好看。

一年四季乌金山，
天缘谷里笑语欢。
迷人风光看不够，
乌金山乃心中山。

注释：①郭福兴，山西榆次人，经济师，现为晋中日报社广告部工作人员。长期坚持业余写作，曾在《人民日报》海外版、《经济日报》、《工人日报》等多家报刊发表各类作品近百万字，著有《滴水集》一部。

王长青①二首

罗汉阁

高阁层层入云间，
松涛阵阵醉石泉。
五百罗汉来天外，
护佑佛国降吉安。

盘岭回环山径幽，
罕山时雨洗尘缘。
暮鼓晨钟出古刹，
风云一扫碧蓝天。

观景台

未识观景台，
朝来台上游。
遥看明珠湖，
潋滟波光秀。

回眸朝大佛，
世间无烦愁。
满目青山静，
欲将游人留。

注释：①王长青，山西榆次人，现任榆次区绿化委员会专职副主任兼乌金山林场场长。本人崇尚自然，喜悦山水，酷爱林业，曾主持编辑出版了《榆次区古树名木图谱》一书。

第二节 楹联

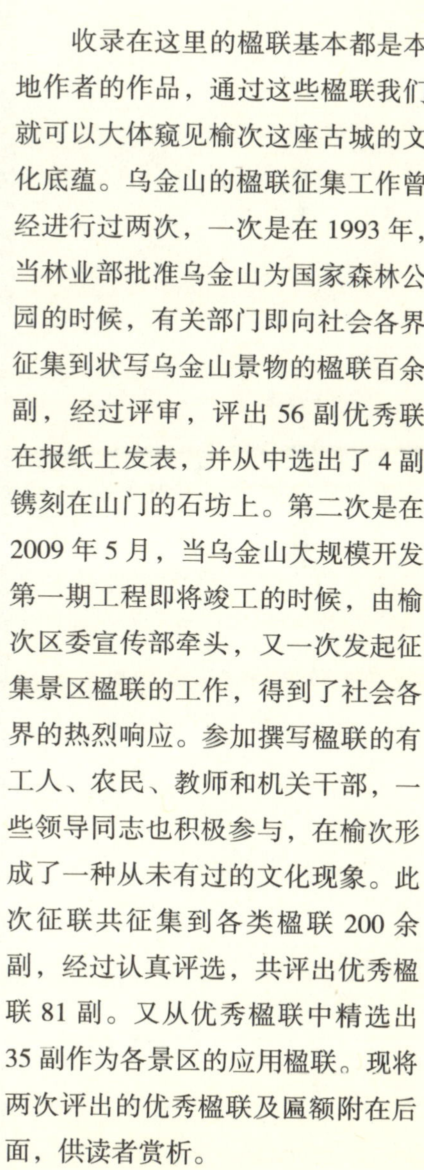

收录在这里的楹联基本都是本地作者的作品，通过这些楹联我们就可以大体窥见榆次这座古城的文化底蕴。乌金山的楹联征集工作曾经进行过两次，一次是在 1993 年，当林业部批准乌金山为国家森林公园的时候，有关部门即向社会各界征集到状写乌金山景物的楹联百余副，经过评审，评出 56 副优秀联在报纸上发表，并从中选出了 4 副镌刻在山门的石坊上。第二次是在 2009 年 5 月，当乌金山大规模开发第一期工程即将竣工的时候，由榆次区委宣传部牵头，又一次发起征集景区楹联的工作，得到了社会各界的热烈响应。参加撰写楹联的有工人、农民、教师和机关干部，一些领导同志也积极参与，在榆次形成了一种从未有过的文化现象。此次征联共征集到各类楹联 200 余副，经过认真评选，共评出优秀楹联 81 副。又从优秀楹联中精选出 35 副作为各景区的应用楹联。现将两次评出的优秀楹联及匾额附在后面，供读者赏析。

水晶院楹联

山门

高山流水生灵气
福地凝晶悟万机
(耿彦波撰联、邓明阁书写)

楹联作者简介：耿彦波，山西和顺人，现任中共大同市委副书记、市长。所写文赋楹联开阖自如，文采飞扬，独具风韵。

书法作者简介：邓明阁，山西平遥人，自幼受家庭熏陶，酷爱金石书画，书法行、楷以北朝体为本，篆书取法金文，隶书宗汉碑，融篆、隶、魏于一体。所作苍劲古拙，凝重而畅达。出版《邓明阁书法篆刻集》、《颂寿篇》，另有《五台山名胜古迹印集》和《晋祠风光印谱》行世。现为中国书法家协会会员，山西书法家协会理事，中国工艺美术学会会员，中国展览协会会员，高级工艺美术师。

点石成乌金洒遍星光列河汉
筑院曰水晶炼就真元济苍生
（郭齐文撰联并书写）

匾额：水晶院　（郭齐文书写）

天王殿

幽院深堂隔断红尘无数
清溪高树留连绿阴有时
（时新撰联并书写）

楹联及书法作者简介：时新，中华诗词学会、山西作家协会、山西书法家协会会员，山西诗词学会常务副会长，《难老泉声》主编。

匾额：天王殿　（李广林书写）

书法作者简介：李广林，山西寿阳人。现为山西省书法家协会会员，晋中市书法家协会常务理事，寿阳县书法家协会、老年书画研究会主席，中国老年书画研究会会员。上学时，蒙学颜柳；参加工作后，追习祁隽藻楷行，略得笔意，近年兼习乙瑛、礼器，并初涉行、草，视野渐宽，笔墨渐丰。

大文殊殿

暮鼓晨钟警醒迷途尘外客
谈经说法唤回苦海梦中人
（耿彦波撰联、闫文昇书写）

书法作者简介：闫文昇，山西省定襄人，现为山西省煤炭工业厅正厅级巡视员。自幼酷爱书法艺术，以颜、柳、赵为尊。擅行草，崇尚自然，风格自成一体.。中国煤矿书法家协会副主席，山西省书法家协会理事，山西省煤矿文化体育协会主席及山西省煤炭系统书法、美术、摄影家协会主席。

匾额：大文殊殿　（张增谦书写）

书法作者简介：张增谦，山西榆次人，山西省书协会员、晋中市老年书画研究会副会长、榆次区老年书画研究会副会长、市区两级老年大学特聘书法教师。

观音殿

大慈大悲到处寻声救苦
若隐若现随时念彼消愆
（孔维东撰联、李广林书写）

楹联作者简介：孔维东，榆次一中教师。

龙泉映月月在水中分明见

林海听涛涛声依旧悦耳闻

（王彦儒撰联、周命超书写）

楹联作者简介：王彦儒，山西榆社人，曾在榆社县委办、纪检委、政法委任职，现受聘于乌金山国家森林公园景区建设指挥部。

书法作者简介：周命超，湖南宁乡人，号梦云，别署得生轩。曾任山西省文联党组副书记、副主席。现为中国书法家协会会员，山西省书法家协会副主席，山西省书画专业委员会主任委员、晋文书画研究院院长。主习草书。

匾额：慈航普渡　（闫文昇书写）

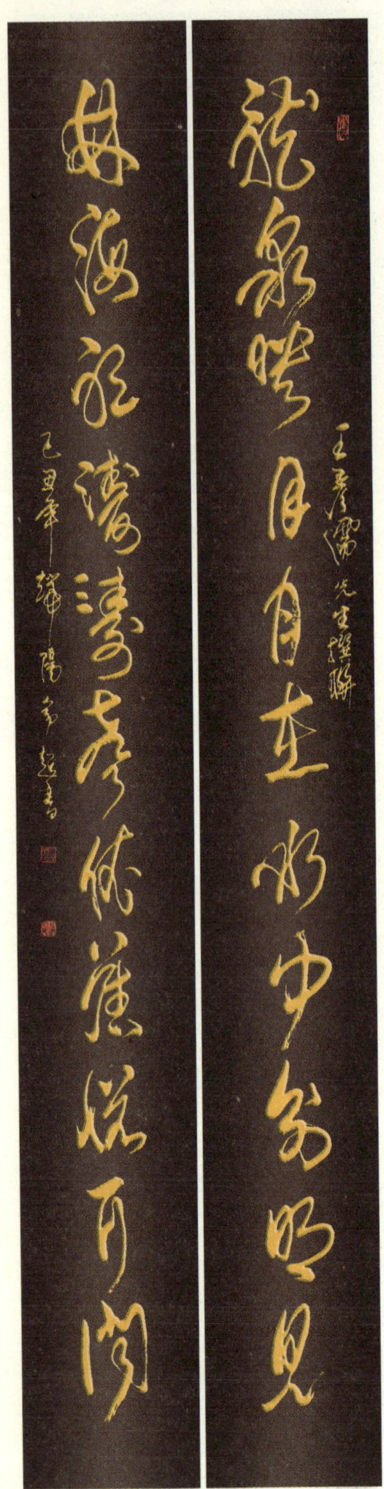

大雄宝殿

明星明觉者觉度化波罗三宝立精舍
远道远苦行苦驮经西域两乘传盛国
（祁石撰联、赵望进书写）

书法作者简介：赵望进，山西省临猗人，笔名素石。历任中共太原市委宣传部副部长，太原市书协主席，山西省文联常务副主席、党组副书记兼《火花》文艺主编、《小学生习字报》总编。现为中国书法家协会理事，山西省文联副主席，山西省书法家协会主席，享受国务院特殊津贴专家。赵望进的书法创作兼擅诸体，以隶、草见长。草书率意姿纵，隶书掺以篆籀笔法与结体，书笔意并运用，方峻扑拙，含蓄多变。出版有《赵望进书新编五体五联》、《赵望进书法艺术》等。

宝相现梵宫 对泉瀑烟霞长向慈云瞻福地
名山寻古德 伴晨钟暮鼓好研妙谛究幡风
（周笃文撰联、闫文昇书写）

楹联作者简介：周笃文，湖南汨罗人，字晓川。原中国新闻学院教授，中外文化研究所所长，中华诗词学会副会长，中华诗词编著中心总编辑。著有《宋词》、《宋百家词选》、《金元明清词》、《华夏之歌》等。

匾额：大雄宝殿　（郭齐文书写）
　　　佛光普照　（闫文昇书写）

罗汉阁

开牖展卷思接千载上
垂帘讽经意在万山中
(薛玉斌撰联、郭保旺书写)

楹联作者简介：薛玉斌，山西离石人，字三白，曾任晋中市人大副主任，现为中国老年书画研究会理事，中华诗词学会会员，晋中市老年书画研究会会长，仰山诗社名誉社长。

书法作者简介：郭保旺，山西平遥人，笔名泉石，号归真堂主人，曾任平遥县广播电视中心主任，2002年创办平遥古城书画院并任院长。中国楹联学会会员，山西省书协会员，晋中市书协常务理事，平遥县文联副主席，县书协副主席。

一尊观音静察世态形形色色
五百罗汉闲看人流进进出出
(王彦儒撰联、籍宏伟书写)

书法作者简介：籍宏伟，山西武乡人，字一然，号屯斋，现为晋中学院书法教师，曾在陈振濂教授指导下研习中国书法和探索“学院派书法”创作，工作以来主要从事大学书法教学与书法教育研究。

匾额：罗汉阁　(郭保旺书写)
　　　菩　提　(李广林书写)

一尊觀音靜察世態形形色色

五百羅漢閑看人流進進出出

一輪旭日撞晨鐘聆泉悟道

萬頃松濤敲暮鼓坐石參禪

閑牖展卷思接千載上

無簾誦經意在萬山中

龙王庙楹联

山 门

一轮旭日撞晨钟聆泉悟道
万顷松涛敲暮鼓坐石参禅
（李永茂撰联、冯海亮书写）

书法作者简介：冯海亮，字子江，号双凤山人、静心斋主人，现为寿阳县书协理事，晋中书协会员，晋中市老年书画研究会会员，山西省书协会员。

匾额：龙王庙 （姚奠中书写）

书法作者简介：姚奠中，山西稷山人。原名豫太，字奠中，后以字行。别号丁中、刈草、樗庐。早年师从民主革命家、国学大师章太炎先生研究国学，是章太炎先生晚年收录的七名研究生之一。全国政协六、七届委员，山西省政协五、六届副主席；曾任九三学社中央委员、山西省委主委，名誉主委；中华诗词学会和中国韵文协会顾问，山西省古典文学会会长；中国书法

家协会理事、山西省书协名誉主席等。先后发表过有关中国古代文、史、哲论文130余篇，出版专著23种，有两种发行25万册以上，三种再版。另出版了《姚奠中论文选集》、《姚奠中诗文辑存》、《姚奠中讲习文集》。著有《中国文学史》《庄子通义》等。其金文、篆、隶、行、楷并臻上乘，达到炉火纯青之境。他兼擅诗画印，其诗、书、画、印被专家们称为“四绝”，并出版过大型《姚奠中书艺》和其他六种书艺作品集。

戏台

锣鸣笙响看人间百态并非做戏
嬉笑怒骂演世相千秋实在真情
（陈瑞撰联、张增谦书写）

楹联作者简介：陈瑞，山西榆社人，现任晋中文联副主席，晋中诗词学会会长。

匾额：广沐神恩　（张增谦书写）

五爷殿

云腾五色神德默佑三千界
雨润八荒恩膏均沾十万春
（李永茂撰联、冀振江书写）

书法作者简介：冀振江，山西平遥人，现在平遥县文联工作。自幼喜爱书法、篆刻，尤擅长小楷、行书。山西省书法家协会会员、晋中市书法家协会会员、平遥县书法家协会理事。

匾额：五爷殿　（郭齐文书写）

龙王殿

布云施雨春雨夏雨秋雨冬雨尽出本庙
广迎游客东方南方西方北方皆向此方
（王彦儒撰联、张增谦书写）

匾额：龙王殿　（庞嘉栋书写）

书法作者简介：庞嘉栋，现为全国老年书画研究会会员，晋中市书法家协会理事，绿荣书协副主席。

玉皇阁

总管三界十方自应广施福泽除魑魅
主持四生六道何不多毓善良灭魃魔
（水既生撰联并书写）

楹联及书法作者简介：水既生，山西朔县人，自幼酷爱书法，篆刻，书法大篆直追西周金文，益以笔情墨趣，意在自然质朴，小篆融秦汉碑碣，借鉴清人笔法，专求意韵生动。著有《篆刻启蒙歌》等。潜心于工艺美术，后转入陶瓷研究，对北方古代陶瓷技艺及历史颇多创见。现为中国书法家协会会员，山西书法家协会理事，中国民间工艺美术委员会委员，山西省工艺美术学会常务理事，中国古陶瓷研究会理事，山西省陶瓷学会副理事长，山西省考古学会常务理事，陶瓷高级工程师。

罕山时雨雨落点点入地泽万物
玉皇高阁阁上处处生辉照福生
（王彦儒撰联、张续之书写）

书法作者简介：张续之，山西榆次人，东阳镇政府退休干部。

匾额：玉皇阁　（水既生书写）
　　　灵霄宝殿　（袁旭临书写）

书法作者简介：袁旭临，河北盐山人，号雪岭、墨滏。自幼酷爱书法、绘画，擅长楷、行兼习隶、篆。楷书取欧体之工整、颜体之雄劲、柳体之挺拔、赵体之圆道，行书以“二王”为法度，取苏轼、米芾、文徵明诸家之长。编著出版《楷书基础知识》、《欧阳询、颜真卿、柳公权碑帖精选》、《楷书汉字笔顺图解》、《楷书练习系列册》等。现为中国书法家协会会员，山西书法家协会常务理事，太原市书法家协会副主席。

关圣殿

武略文韬功齐五岳
忠肝义胆气贯千秋
（李永茂撰联、张增谦书写）

匾额：关圣殿　（冀有贵书写）

书法作者简介：冀有贵，山西平遥人，字野生，号紫阳堂主人，曾任平遥电台、电视台台长。爱好书法、文史。曾总纂《平遥县志》，执行主编《平遥古城志》，填补了全国古城志之空白。现为中国楹联学会会员、山西省书协理事、晋中市书协副主席、平遥县文联副主席、县书协主席。

吕祖殿

酸甜苦乐求仙路
是非曲直问道书
（李永茂撰联、张增谦书写）

匾额：吕祖殿　（冀有贵书写）

太清宫楹联

山　门

塔影凌空高踞龙王山岭
太清映月俯瞰榆城灯光
（庞励刚撰联、籍宏伟书写）

匾额：太清宫　（籍宏伟书写）

真武大殿

禀乾坤正气惩恶驱邪爱憎坦荡
乘日月罡风降龙伏虎来去从容
（李永茂撰联、李广林书写）

听父母元圣登武当一生修道
附龟蛇燕王下终南四面建观
（祁石撰联、田志贤书写）

书法作者简介：田志贤，山西平遥人，中国书法家协会会员，山西省书协理事，晋中书协副主席。

匾额：真武大殿 （郭齐文书写）

三清殿

尝五味修行出五行得道因果有数
话三清定界入三界谋福德泽无形
（李永茂撰联、袁旭临书写）

化山川状近鸡子长游混沌一万岁
苞玉府神完洪胎久寄西方五千年
（祁石撰联、邓明阁书写）

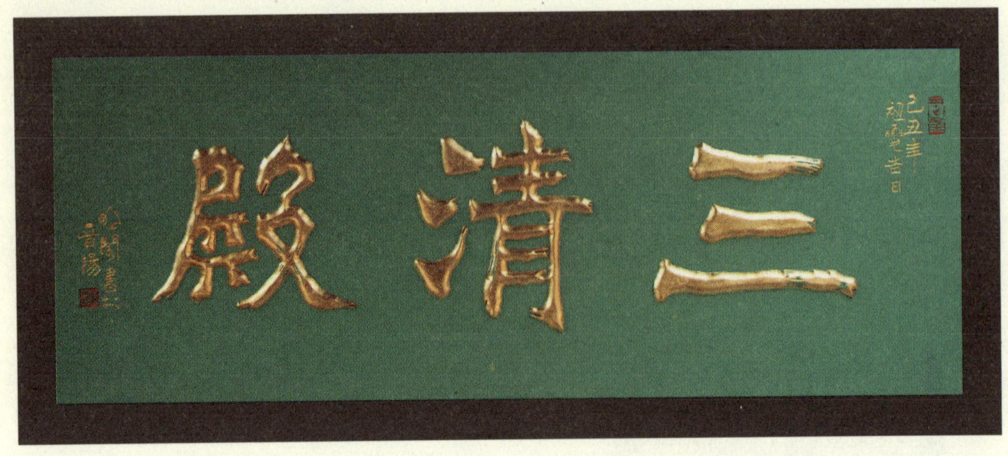

匾额：三清殿　（邓明阁书写）
　　　无极殿　（张颔书写）

书法作者简介：张颔，山西介休人，著名古文字学家、考古学家。曾任山西省文物局副局长兼考古研究所所长。其研究领域涉及古文字学、考古学、晋国史及钱币等。先后出版有《侯马盟书试探》、《古币文编》、《张颔学术文集》等著作，在全国学术界产生重大影响。在诗文、书法、篆刻等方面也颇有造诣，在国内外享有极高声誉。

九峰塔楹联

文能行远扶摇万仞登明月
笔可攀高耸峙千叠上碧霄
（李永茂撰联、赵长英书写）

书法作者简介：赵长英，字不舍，号勿墨。曾任太谷县委通讯组长。山西省书协会员，山西农大书法特聘教师、顾问；太谷赵铁山书画院书法教师。

云塔凌霄占尽乌金三宝地
松涛蔽日推开利禄一层窗
（庞励刚撰联、李广林书写）

匾额：九峰塔（祁石书写）
文运长久（郭齐文书写）

天缘谷楹联

门楼

心到虔时佛有眼
运至亨通石能言
（耿彦波撰联、闫文昇书写）

匾额：天缘谷 （薛玉斌书写）

龙凤亭

墙翻北斗关雎梦
水汲南天帝后缘
（郭齐文撰联并书写）

烟雨湖山五代梦
英雄儿女一生缘
（孔维东撰联、陈明元书写）

书法作者简介：陈明元，字公哲，现为中国书法家协会会员，山西省书协理事，山西省青年书协理事，晋中市书法家协会副主席。

匾额：龙亭、凤亭 （李广林书写）

黑龙庙

电闪雷鸣惊世骇俗
云行雨布佑生庇民
（闫宏伟撰联、乔玉亮书写）

楹联作者简介：闫宏伟，山西榆次人，现任经纬集团公司电气部办公室主任。

书法作者简介：乔玉亮，山西榆次人，字梓轩，号桐荫楼，现为中国书法家协会会员，山西省书法家协会会员，晋中市书法家协会副主席，中都印社副社长、榆次书法家协会副主席。

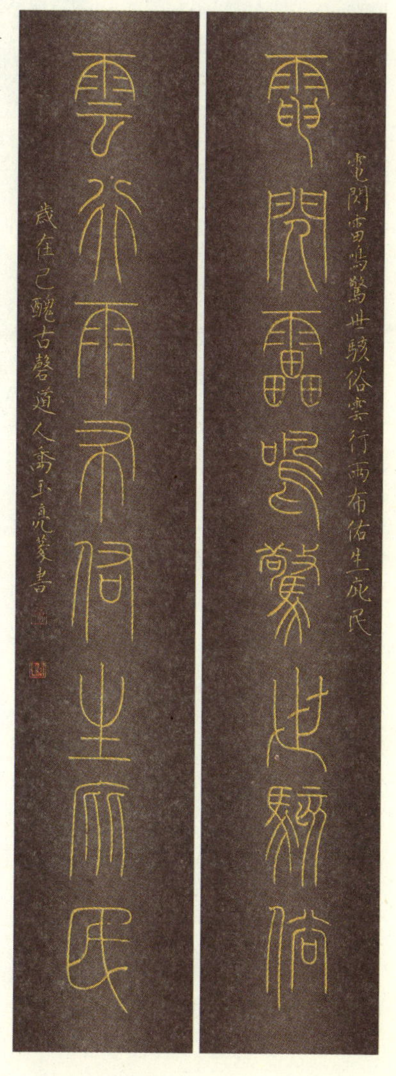

凤凰阁楹联

高山仰止疑无路
曲径通幽别有天
(孔维东撰联、冀有贵书写)
匾额：凤凰阁　(李广林书写)

南门楹联

幸逢嘉霖敷优泽
一洗粉尘转润姿
(乾隆皇帝联、张续之书写)

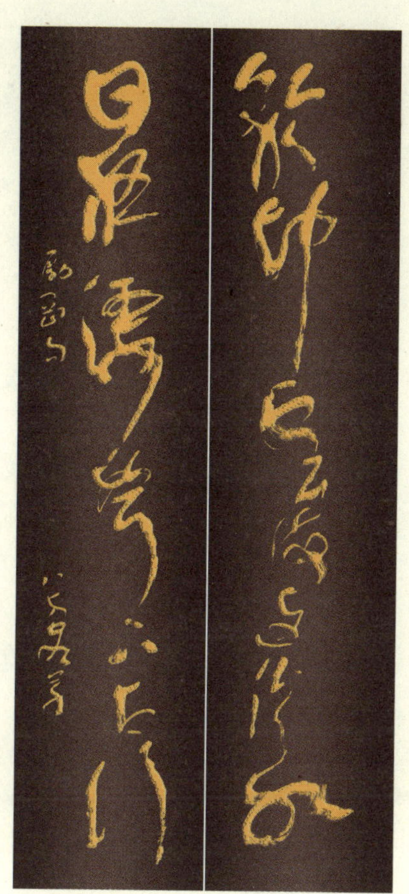

乾坤云海连汾水
日夜涛声下太行
（庞励刚撰联、祁石书写）

阅山阅林朝佛圣
求智求识通古今
（王文阁撰联、陈学聪书写）

楹联作者简介：王文阁，山西榆次人，曾任榆次县副县长，政协榆次市第八、九届副主席，统战部部长等职。他十分重视文史资料的征集工作，亲自撰写的《五代后汉高祖刘知远》等6篇文章，分别刊登在《榆次文史资料》13-16期，曾为乌金山森林公园建设筹备奔波。现已故去。

瀚史尋踪龍藏虎卧王侯持斧鉞
蒼山攬勝地靈人傑黎庶寫春秋

书法作者简介：陈学聪，山西榆次人，历任榆次市团委书记、交通局长、劳动局长等职。现为中国老年书画研究会会员、中国文化艺术发展促进会会员、晋中市老年书画研究会常务副会长、晋中市书画家沙龙副主任。

东门楹联

八景环城天下无双邑
二水过境三晋第一山
（庞励刚撰联、籍宏伟书写）

观景台楹联

广辟离尘清静道
永耀众生智慧灯
（耿彦波撰联、闫文昇书写）

善知一切真空相
深入无上法界门
（耿彦波撰联、闫文昇书写）

匾额：日晖　（郭齐文书写）
　　　海容　（郭齐文书写）

牌楼楹联

瀚史寻踪龙藏虎卧王侯持斧钺
苍山揽胜地灵人杰黎庶写春秋
（王卫华撰联、吴廷寯书写）

书法作者简介：吴廷鸾，山西太谷人，亦名镜青，笔名石泉，原任榆次史志办公室主任科员，从小酷爱文史、书法，后逐渐转向古体诗词、小说和散文的创作。著有《雪泥鸿爪室诗词》、长篇小说《逐鹿图》、中篇小说《三晋奇侠》（合著）、《鲁郑恩与陶三春》；曾主编有《榆次市志》；书法侧重于研习魏碑，也擅长隶书。

襟并寿龙山独秀
带汾涂洞涧双娇
（李凤山撰联、李丕明书写）

楹联作者简介：李凤山，河北宁晋人，晋华纺织厂党委宣传部理论干事。现已故去。

书法作者简介：李丕明，山西离石人，曾任榆次市书协主席、摄影家协会副主席、文化馆副馆长。

沛然行云氤氲乌金山百里林海
霖则作雨滋润榆次市十万人家
(李苏江撰联、郭齐文书写)

楹联作者简介：李苏江，山西左权人，曾任市委副秘书长、房管局局长兼党总支书记。2001 年退休后任榆次老城开发建设指挥部常务副总指挥。

向称小五台圣境
原本大文殊道场
(李林娃撰联、赵玉堂书写)

楹联作者简介：李林娃，山西榆次人，历任榆次报社副总编、文联主席、史志办公室主任。山西省古建专家、二级作家。

书法作者简介：赵玉堂，山西榆次人，曾任榆次市人大教科工委主任。现已故去。

匾额：乌金山森林公园 （冀安信书写）

书法作者简介：冀安信，山西榆次人，曾任榆次市委书记。

匾额：清凉胜境 （王新义书写）

书法作者简介：王新义，山西灵石人，曾任榆次市委书记。

备用楹联

暮鼓晨钟文殊开启智慧海
乌金翠盖佛光普照欢喜园 （郭齐文）

甘霖泽乡梓群黎共颂升平岁
涂水润桑麻四海同沾富裕春 （郭齐文）

祈四海兴云布雨降甘露
驭五洲畅气和风离苦灾 （史景怡）

凌云布道断三界是非曲直皆循因果
驾雾观风察十方远近高低但合亏盈（李永茂）

从君观水晶欣然于此遇
与君弄云玉欲辨已无言 （祁 石）

般若照五蕴翠竹青青皆是法
弥陀觉十方黄花郁郁可成佛 （李永茂）

求慧求安求福慈为上
为人为法为生正才真 （王彦儒）

净瓶洒露成慈海隆泽万象
莲叶披风化慧舟普度众生　（李永茂）

自在能闻施无畏
随缘可现称大悲　（孟庆雯）

紫气腾祥五行辗转空三世
清光照瑞六道轮回大四时　（李永茂）

出云作雨润泽万物
布惠施恩广济苍生　（王彦儒）

归元无二路
出入有多门　（王彦儒）

生旦净末丑看尽世间忠奸善恶
宫商角徵羽洞穿岁月风雨沧桑　（李永茂）

戏系若世皆弘惩恶扬善
世事如戏多行鞭假褒真　（李绍基）

天鼓助三农青垂海岳功为首
云旗飘九域泽润桑麻德占先　（李永茂）

济六合以甘霖功降位育
普九州之玉液德并乾坤　（闫宏伟）

乾元俯万类光悬日月
昊帝体群生福被山河　（郭齐文）

忠义二字铸耿耿丹心昭日月
文武双肩发凛凛正气壮山河 （郭齐文）

秉乾坤正气万年义勇长存是中华豪杰
扬天地声威一点丹心永在立家乡楷模 （陈 瑞）

遇有缘人 不枉我望穿眼孔
得无上道 只要汝立定脚跟 （孔维东）

一梦十试成三剑
四合百歌练五材　（祁　石）

朱霞天碧云中白鹤
翠柏苍松月下清风　（王彦儒）

毓秀钟灵山呈瑞
璜鋐璞玉庙生辉　（王彦儒）

处名利场终难趁意
游山水间定可怡心　（王彦儒）

存心能正大光明不佛也是佛
做事总阴险狡诈信佛亦为鬼　（王彦儒）

胜境生岚紫八方现万象
灵岩拥翠微一气化三清　（郭齐文）

道可道李耳千言息心百家何止编百卷
名可名张陵五斗度世一子只期诵一经　（祁　石）

历千劫而不死道深无量
逢万祸可扶生德广有功　（郭光明）

一方水土文峰立
八面山河富运开　（郭齐文）

启文运溶今汲古
护乡梓绣水描山　（郭齐文）

沤麻汲水苦尊太后传李氏
鞭马踏沟情起帝王数刘君　（祁　石）

细读传奇觅男儿真情看刘家知远
乐道乡音有女中豪杰听李氏三娘　（陈　瑞）

青山不墨松涛润笔千秋画
绿水无弦涧石调音万古琴　（李永茂）

蕴雨藏云系三晋胜地
显山露水乃中都真容　（陈　瑞）

眼里魏榆无屏障
心中佛祖有精神　（庞励刚）

姹紫嫣红娇啼媚啭真仙境
崇伟盘垣青烟沧海是蓬莱　（王文阁）

下乌金上葱茏惊叹天地造化
内殿阁外馋崖喜看山川藏珠　（李林娃）

林掩山山掩寺乌金深藏寺底
蝶恋花花恋人丹青尽展人前　（李林娃）

青山接寿并乌金一胜福三地
绿漪连汾涂涧潇两水惠千村　（李凤山）

巍巍乌金山势贯五岳追风逐云天间转
涓涓龙泉水脉通三江披星戴月宇际行　（张　涛）

翠峰毓秀宏太行气象
碧树蕴奇壮三晋景观　（张　涛）

翠柏如云植金岭山基永固
苍松似海润龙泉水源益深　（张　涛）

乌金高居极曰山光林海
龙泉低卧尽观水色云烟　（张　涛）

圣水奇泉石涧清流头头是道
仙人洞宾碑题诗文句句皆理　（高永基）

乌金山叠松柏遮天持晚景
龙泉古刹兰芳桂馥灿朝霞　（白凌森）

宝藏千余载适逢盛世造福后代
仙隐数百年有幸今朝祥临晋川　（张昌凤）

山连太行千重翠
景追嵩岳一片青　（武永青）

罕山莽莽饱容天地日光月色
禅院深深尽阅古今世事人情 （韩 杰）

宝刹为舟随波逐流尘浮千年史海
劲松作笔挥毫泼墨大写当代风流 （韩 杰）

东邻寿水能秀
北靠罕山自雄 （祁 石）

何处无紫草风流多自绿玉水
这边有白松气貌独归乌金山 （祁 石）

第三节 碑 铭

乌金山人文历史源远流长，这里著名的寺庙建筑群主要有水晶院、镇寿寺、华严寺、和合寺等。据现在可查考的记载，除明万历及其后各个版本的《榆次县志》外，还存留了部分碑铭。其中水晶院碑已全部遗失，但民间曾有一名刘正汉者抄录了明万历四年（1576年）、清顺治十四年（1657年）、清雍正十二年（1734年）、民国11年（1922年）的4块碑文。镇寿寺遗址留存11块碑，记录了明永乐后历次修葺镇寿寺和勘界断案的历史。现选录水晶院和镇寿寺碑文共4篇，以飨读者。碑文中因碑石剥蚀模糊不清的字迹，或因当时手写体无法辨认的字迹，或根据前后语意无法判断确定的字迹均用“□”表示。

重修乌金山水晶院寺宇并下案记

予魏榆古晋三分之地也，天宝物华，人杰地灵，志有明验。吾故不敢妄加其谬赘。乃若县治北距四十里，有乡龙门，近罕山南五里许，有山曰乌金山，内巢一所，名曰水晶院者。其山奇峰崒嵂[①]，峻岭嵯峨，清溪泱漾，松桧葱茏，鹤岫[②]喷云霞，山原旷其盈，视龙潭吐雨，霁川泽盱[③]。其骇[④]瞩，春萝摆月，孤猿群鹿因芬芳而纵迹于百卉林中；夏薜飘风，山鸡野雉逞馨郁而翱集于万花丛里；秋则黄花被径，而红叶妆林；冬则六花霁晓而孤根暖律。先正所谓“四时有不卸（谢）之花，八节被长春之景”者，杭地岂能独擅其美乎？故志云“罕山时雨”，信非诬也。

且左带蝦蟆窝（地名）出肥煤以利民；前襟灰鸡垴多薪燎以赡用；西有小道，往来取货者之所以必游；北接石壑，欲求金钱者之所以恒在。

百景，千祥，万珍，亿宝，民咸取之不竭，用之不穷者也，乌可以僻陋

重修烏金山水晶院寺宇并下寨記

予魏榆古晉三分之地也天寶物華人傑地靈誌有明
驗吾故不敢妄加其謬贅乃若縣治北距四十里有鄉龍門近罕山峯
五里許有山曰烏金山内巢一所名曰水晶院者其山奇峯崒
嵂峻巔嵯峩清溪泱漭松檜葱蘢鶴岫噴雲霞山原曠其盈視
龍潭吐雨霽川澤盱其駿驕春蘿攏月孤猿群鹿因芬芳而縱
跡于百卉林中夏鮮飄風山雞野雉逞馨郁而翱集于萬花叢
裡秋則黃花被徑而紅葉殊林冬則六花霏繞而孤根暖律先
正所謂四時有不御之花八節被長春之景者杬地豈能獨擅
其美乎故誌云罕山特雨信非誣也且左帶壑麓窩出肥煤以

观哉？

古文殊菩萨显化于斯，乡人因以为祀。每岁四月八日，陈其牺牲，列其鼎俎[5]，实之以笾豆簠簋[6]，炫之以华彩，和之以音乐，迎神响赛，以祈其风云雷雨之泽。周环有八村，首峙峪，而次左付，既（继）高壁，而在（再）龙白、要店、韩家寨，从其次第赤坑、苏村，序以先后，周而复始，以竭其课，献馈奠之忱。故记所谓报本反始，不忘其初者，此之谓也。

及大元[7]，兵燹其所在。迨我洪武间[8]，居民王时鲁缘其故址遗迹，而为之葺，理田思道，创其五龙圣母，又为之增新。宣德间[9]，高普信饰于前。正德岁[10]，荣子义与僧广文修于后。

嘉靖辛丑[11]，大虏入境，殿宇颓陵[12]，尸[13]仪败度。于是，获邑义官寇天衢并冀谦者，独资聚众，重葺正殿三间、东西两廊，建义勇祠，立伽蓝[14]堂，皆以石为之；南殿三间、钟楼一所，咸金壁曜焉。

及于隆庆四年[15]三月三日，本方省祭官田讳尚万，别号溪山，亦崇仁重义人也，视其殿庑参差，神像毁坏，复舍财物，刻山画藻，焕然为之新施；□金绚彩，炳然为之再丽。院外复建禅房三

幽冥洞碑碣

间，俱砖石营成，更无寸木。俾[16]尔修禅炼性者得既次之安矣。

当其时，遗下案一轴，以为相承。

响赛之具，万历三年[17]被人犯事，持至知榆次县事，县主姚翁堂以为怪妄，遂焚之。

田翁尚万并僧清善复置一轴，欲为后日之验，谒予为记。予不敢辞，勉强以书于左付聚乐堂前。因铭曰：涧溪之北，罕峰之南，层峦拱翠，叠屿周环。山曰“乌金”，水曰“晶泉”。创于其间者则禅宫耸拔；营于其中者则梵宇辉煌。厥位曰“乾”，厥土曰“阳”，虹销满霁，紫雾盈堂。时雨为之霏霏，膏露为之洋洋，茂我嘉禾，润我清（青）秧。然而龙潭虎窟，鹿走猿藏；万花妍郁，百世馨香。致骚人之乘兴来，游子之讴狂，牧童唱晚，樵者忘还。登斯地也，神怡心旷，适吾心之雅趣；际斯景也，临风吟月，宠辱为之顿忘。惜乎，胜地不常，嘉景难再。识吾心之机者，孰与为并；乐吾心之乐者，水远山长。惟愿皇图永固，帝道遐昌，四民有赖，万寿无疆。

大明万历四年[18]岁在丙子春壬辰朔越四日重修

注释：

①崒嵂：山高峻貌。崒：险峻。②岫：峰峦。③盱：盱暝，阴晦不明。④骇：起，敌。⑤俎：古代祭祀设宴时用以载牲的礼器。⑥笾豆簠（fǔ）簋（gǔi）：笾，古代祭祀和宴会时盛果脯的竹器，形状像木制的豆。豆：古代的食器。簠：古代食器，长方形，用以盛黍、稷、稻、粮。簋：古代食器，圆口圆足，用以盛食物。⑦大元：元朝，1206—1368 年。⑧洪武间：明朝洪武年间，1368—1398 年。⑨宣德间：明朝宣德年间，1426—1435 年。⑩正德岁：明朝正德年间，1506—1521 年。⑪嘉靖辛丑：明朝嘉靖二十年，1541 年。⑫陵：衰退。⑬尸：主持。⑭伽蓝：亦称“僧伽蓝摩”、“众园”或“僧院”。佛教寺院的通称。⑮隆庆四年：1570 年。⑯俾：使。⑰万历三年：1575 年。⑱明万历四年：1576 年。

镇寿寺遗址的龙凤松

重修洪山镇寿寺碑记

晋阳之南，太原一郡，榆次一邑，至北四十余里左付弟（第）一后沟寺村有一明山乃为镇寿，混□□□□□□□□□□□□□□□太祖高皇历代□□红面国师道场，即为古刹之地。人无百载□古传留须有其影，毁之无踪，先于□□□□□□□□□□□□□□□□人韩普唐俊寻地基，重整正佛殿三间，未得俱足，普庶归世，至今塌毁不全。神圣有感，却遇云游林□□□□□□□□□□□□□徒门宽展[①]乃居是德，游□到此，观之景界，心中得喜。即见满山锦绣，遍地翠巍，松柏腾阴，青（清）泉永（涌）出，空□□□□□□□□□□其之地飞禽走兽，被暑遮阴，乃为聚会之乐。近有入山攒戏，乃为洪山镇寿前后周边，乃有□□□□□□□□□□□□□□□□□□心在此，早晚焚香，不得从心思之，无奈独木难成功。思中间忽遇长者，乃为善人[②]高旻，言舍资财□□□□□□□□□□□□□□首高者字是永，与功德纠首一同而行也，同僧人重各、发雯诚印造“缘簿[③]”，化劝十方善仲人等□□□□□□□□□□□□□□□□神圣□有感皇恩，方山王府令谕僧人德宽，前往灵□一方之地化气，木植百万余根。佛哀哉伤感，苦逼牛□□□□□□□□□□□□□□□□□□□□□天可知，我佛降灵，惊惶德展，谨请人匠即次兴工，累次不断。先于正殿五间修补圆成，内塑五佛，左右□□□□□□□□□□□□□□□护法。次盖两廊六间，左塑观音、罗汉，右塑地藏十王。左厢塑二郎圣贤，右厢塑长者伽蓝。南殿五间即次圆成，前塑孔雀明王佛，后塑道坐观世音，左右十大明王玄山小塑，一大妆成，了毕腾辉，早晚有钟鼓鸣更；左有僧房住坐；右有碾硙[④]而

镇寿寺碑碣

行；巽⑤有多宝佛塔永镇乾坤。即有古刹石洞一座，内造石王地藏山□□。

盖空气□地，乃无后人切思作善之因，乃为闵记久留三教皈衣（依）大觉正尊。正尊者，生兴于世，夺其大耀之光，照曜愚迷，化恶存善。积善者，乃为春园之草，不见其长而日有所增；积恶者，乃为磨刀之石，不见其损而日有所伤。积善分善，积恶分恶，仔细思量，天地不措，为善者天降之福，为恶者天降之殃。善恶二字，皆以前生各自分造，今生受之各有根原（源）。爰持我佛之法永寿，□我佛之□□□□□修造以成，完备圣像，超生天堂之境，即无地狱之声，出难地狱永难，若难怪往人天超生净土，快乐无量，一去一来，无挂无碍，自在逍遥。叹之不尽，刻石于碑，万载为记，谨志一矣。

大明嘉靖四年岁次⑥乙酉十月丁亥十二日丁卯

戊申时立石

注释：

①展：十方，东、南、西、北、东南、西南、东北、西北、上、下。②善人：有道德的人。③缘簿：寺庙化缘的簿本。④砣：磨子。⑤巽：东南。⑥大明嘉靖四年岁次：1525 年。

大洪山镇寿寺重修序

罕山之阳有洪山，洪山之墟有镇寿寺，初兴大宋，中起元明。其泉甘而土肥，草木丛茂，居民鲜少，宅□而堑阻。隐者之所盘旋，

迁客[①]骚人[②]多会于此。

兹于皇上御极之辛巳岁[③]丙申月壬子之辰建偕众遨游其上，见其崇山峻岭，茂林修竹，又有清流激湍映带，左右引□为觞[④]，曲水列坐其间，虽无丝竹管弦[⑤]之盛，一觞一咏亦足以畅遂幽情。忽而清风徐来，披襟当之飘飘羽化登仙。“物华天宝，龙光射斗牛[⑥]之墟；人杰地灵，徐孺下陈蕃之塌[⑦]”者，谅一如是。且“层峦耸翠，上出重霄”[⑧]。其日出而林霏开，云□而岩之□，晦明变化者山间之朝暮也；野芳发而幽香，佳木秀而繁阴，风霜高洁水落石出者，□□之四时也。树木阴翳[⑨]，鸟鸣□下，游人去而禽鸟乐也。山间之景物，耳得之而成声，目遇之而成色，取之无禁，用之不竭，是造物者之无尽藏也。而予与众所共适登览之项万众森列千载之秘，一旦轩豁，岂非天造地设而开千百世之伟观者欤！

乃入其寺，其佛像凋毁，栋折檩崩，庑序压焉，满目萧然，不禁感极而悲矣。幸有蒜峪村善士张三龙与道士因朝、金顶中途偶遇，叙其道德举万。至此，住持会集纠首王瓒，同心募化，各村姓氏施银不等，将正殿五楹、南殿五间、东西廊庑以及三官伽蓝之庙尽行修理，其圣像一盖金妆，越五载而工始告峻。神采若生，焕然一新。则初兴大宋，中起元明，终又复大清矣。或亦遣使天竺，得佛经四十二章，藏之兰台石室，以佛像绘之凉室，显陵之遗意欤。

予复为李、乔二真人歌之曰：山之中，维子之宫；山之土，维子之稼；山之泉，可濯可湘[⑩]；山之阻，谁争子所。窈而深廓，其有容；缭而曲，如往如复。嗟山之洁兮，乐且无央；

虎豹远迹兮，蛟龙遁藏；鬼神守护兮，呵禁不祥；饮且食兮，寿而康；□不足兮，奚所望；膏吾车兮，秣吾马；从子于山兮，终吾生以徜徉。姑载笔以传后，蒐（搜）词以彰往，往后之游者亦将有感于斯，序云。

大清康熙四十四年岁次[11]乙酉年乙酉月乙酉日乙酉时　吉旦立石

注释：

①迁客：被降职到外地的官吏。②骚人：文人。③皇上御极之辛巳岁：指康熙四十年即1701年。④觞：古代盛酒器。⑤丝竹管弦：不同的乐器。⑥斗牛：二十八宿中的斗宿和牛宿。“龙光射斗牛之墟”的斗牛之墟，指两宿的分野，即今浙江、江苏、安徽、江西诸省地区。⑦徐孺下陈蕃之榻：徐稚（97—168年），字孺子，东汉桓帝时，因不满宦官专权，终不为官，时称“南州高士”。陈蕃（？—168年），字仲举，东汉大臣。桓帝时，任太尉，与李膺等反对宦官专权，为太学生所敬重。陈蕃到豫章任太守，结识了徐孺子。闻其清名，以礼相待，亲自去拜访他，请他到府衙任功曹。徐孺子坚辞不就，但每常造访太守，既谒而退。陈蕃特设一榻，为徐孺子“专利”。去则悬之。“物华天宝，龙光射牛斗之墟。人杰地灵，徐孺下陈蕃之榻。”陈蕃与徐孺子，一官一民，一饭一榻留下了尊重知识、礼贤下士的千古佳话。⑧层峦耸翠，上出重霄：出自王勃《滕王阁序》。⑨翳：遮蔽。⑩可濯可湘：濯，洗涤。湘，烹煮。⑪康熙四十四年岁次：1705年

重修大洪山镇寿寺并敷泽峰龙王洞碑记

宇宙俊逸之材钟于山川，而山川之灵，亦必待人而永彰[1]其胜。

榆邑之镇[2]为罕山，分罕之脉蜿蜒而东南有山名大洪，紫色凌空，扶舆[3]之淑气常新；赤壁环抱，磅礴之团结不偶；而且苍松翠柏，锦列如帐屏；峭石清流，潆峙若带砺，真幽人高士之区，修真养性之所也。昔人爰[4]建镇寿寺，居斯而成正果者，前有红面禅师之说法，后则乔公处炼以知终人之杰，岂非地之灵乎？余少时即知为胜境，恨不得一览，及稍壮[5]而仰止[6]焉，见庙貌颓损，墙垣毁折，樵夫牧竖[7]往来不绝不禁，浩然长叹有昔盛今衰之感。然剥尽即复理之常也，幸赖众村檀越[8]之力，又得道士孙姓者勤为募化，于乾隆二十一年[9]整

清乾隆四十九年重修镇寿寺碑记

新之，至四十九年[10]补葺焉。踵事增华[11]，觉后来居上矣。

洪山之南，相传有红面师阅经楼，旧名火烧山，今改为敷泽峰，盖取泽润生民之义也。上建龙王洞，洞后里许又修山神庙，蝉联[12]而北，前后映照。

功竣商序于余，余不能文，第[13]述所闻见者以为记。庶山与人共成其盛，地随时永著其休[14]也夫。

大清乾隆四十九年岁次[15]甲辰孟冬毂旦

注释：

①彰：表明、显扬。②镇：重要、显要处。③扶舆：扶摇直上。④爰：乃。⑤稍壮：长大。⑥仰止：仰望。这里指游览。⑦牧竖：牧童。⑧檀越：施主。⑨乾隆二十一年：1756 年。⑩四十九年：即乾隆四十九年，1784 年。⑪踵事增华：指继承前人事业而使之更美好完善。⑫蝉联：连续不断、连续不绝貌。⑬第：次第。⑭休：美。⑮大清乾隆四十九年岁次：1784 年。

乌金山开发记

乌金山原名龙王山，系太行之余脉，罕山之主体，其与潇河涂水均为古魏榆著名之地标。乌金山位于三晋腹地，与省城太原仅有一步之遥。周围阡陌纵横，车辆熙来攘往，独具交通之优势。尤其乌金山壮美之风光更令人惊叹。层峦叠嶂，紫气升腾，森林遍布，蓊郁长青，松涛漫卷，群兽潜踪，繁花如织，百鸟和鸣，时雨飘洒，满山清风，殿宇亭阁，暮鼓晨钟，实为黄土高原难得之风景胜地也。公元一九九三年五月，国家林业部因乌金山之独特风光而将其命名为国家森林公园，至此便拉开了榆次开发旅游业之序幕。十几年来，榆次历届政府均对乌金山进行过一些基础性开发，但终因时机未至且投入不足，难以使其跻身于国家风景名胜之行列。

公元二〇〇七年，恰逢国运昌隆，民富思乐，天时地利，众望新举。榆次区委区政府顺应民意，本着“政府宏观管理、市场运筹资金、保护开发并重、突出生态效益”之原则，引入民营资本，启动了乌金山国家森林公园之保护性开发。二〇〇七年九月，工程全面破土。是时也，辟路架桥，重修寺庙，加固山体，铺设步道，斧凿铿锵，碧山凝笑。真乃“红雨随心翻作浪，青山着意化为桥”是也！二〇〇九年九月，乌金山国家森林公园第一期开发工程全面告竣，并向游客开放。至此，乌金山旅游道路纵横交错，曲折蜿蜒，犹如长龙出没于山间林海；水晶院、太清宫、龙王庙，座座寺院气韵严整，金碧辉煌，游人至此恰似踏入神界仙境；大佛悠然高坐，笑看凡间情态；罗汉集聚神山，护佑佛国平安；浮屠耸入青云，遥望满目锦绣；曲径古义萦怀，诉说千年沧桑；九龙飞天戏水，山色倒映湖光；游园僻静俊雅，邀尔把酒临风……至此，榆次基本形成以常家庄园、榆次老城、后沟古村和乌金山国家森林公园为一体之旅游格局。

乌金山国家森林公园一期工程共投入资金二亿一千九百余万元，皆由北山煤化有限公司董事长王福生先生筹资。王福生者，榆次张庆人也。其自幼命运多舛，少有壮志。曾务过农，当过矿工，深知创业之艰，劳作之苦。及至承包北山煤矿后，视工人如手足，将员工作兄弟，深受人们之拥戴。王福生先生决意斥巨资开发乌金山，此乃造福乡梓之善举也！

榆次乃晋商发源地之一，昔日曾有车辋常家、大张义宋家、聂店王家等大家旺族称雄于中国商界，为后人留下诸多奋斗之故事。而今，榆次众多商界精英以建设家乡为己任，慷慨解囊，为民造福，开启现代晋商之新风，真乃榆次地方之幸也！榆次区委区政府将继续本着互利双赢的原则，为榆次商界诸家以及愿意来榆发展之有识之士创造更加良好之投资环境，以期创造榆次更加美好之明天。

榆次乌金山国家森林公园开发工程由乌金山国家森林公园景区建设指挥部项目部、山西丹宇建筑艺术有限公司总体设计；由宁山岗、郑黎明、刘文惠、王福生任工程总指挥、副总指挥；由韩栓虎任总监理；水晶院寺庙群、九峰塔、罗汉阁修复工程由山西五台山建筑工程公司施工；太清宫寺庙群由山西晋阳古建工程有限公司、山西五台山建筑工程公司施工；龙王庙寺庙群由山西八方古建筑工程有限公司第四分公司施工；大佛台工程由山西晋阳古建工程有限公司、河北曲阳县增鑫石材雕塑厂施工；旅游区道路工程由晋中时代机械有限公司施工；东门隧道由温岭市隧道有限公司施工；明珠湖大桥工程由华通路桥有限公司施工。

是以为记。

榆次区人民政府

公元二〇〇九年九月九日

乌金山景物记

榆次乌金山乃大太行之余脉，其雄踞魏榆之北，并州之南，西南可眺秦豫，东北以望京津。总面积达三百六十余平方公里，森林面积二百余平方公里。明万历年间重修水晶院佛寺之碑记有云：乌金山“春萝摆月，孤猿群鹿，因芬芳而踪迹于百卉林中；夏藓飘风，山鸡野雉，呈馨郁而翱集于万花丛里；秋则黄花被径而红叶妆林；冬则六花霁晓而孤根暖津。”自古乃三晋之风景胜地也。今日乌金山更显其动人之魅力。登此山也，可观林海，可访仙踪，可听鸟语，可沐清风。有朋自远方来，可由南门进入景区。进南门即见一浩淼水域，其名曰“明珠湖”。湖上清波荡漾，浮光跃金，群鹜集翔，晨霞缤纷，红荷映日，鱼戏莲荫，轻舟振翅，直上青云。此乌金山国家森林公园之一景也。

一座长桥挽明珠之南北两滨，其桥曰“飞虹”。越飞虹桥十里，乃至乌金山之东门。由东门穿涵洞即进入乌金山国家森林公园之主景区。

君若能登临乌金山之天台峰观景亭而伫足四望，则群山耸峙，逶迤颠连，林海千顷，松涛漫卷，峡谷纵横，紫气盈天，此乌金山磅礴之大象也。如君于午前登临天台峰，又恰逢春和景明，则蓝天如洗，远山澄碧，乾坤一朗，碧霄千里。白鹤携青松起舞，春桃共蜂蝶嬉戏。此时此刻，君定感是我非我，情思涟漪，所思所想，天人融一。如君于午后登临天台峰，又恰逢斜阳西照，则远山莽莽，近峰苍苍，黛云飘逸，落霞绯扬。群峰披霞裳微醉，林海卷红波晚唱。此时此刻，君定感此我彼我，豪气盈腔，所盼所望，家国恒昌。

天台峰南之山巅有九峰塔。辞天台峰而登九峰塔俯瞰，此乃乌金山国家森林公园之核心景区也。此处有龙王庙，有大佛台，有太清宫，有水晶院。望殿宇飞峙，气势恢宏，神踪仙迹，踏云乘风，香烟缭绕，钟鼓和鸣。灵山有知，激浊扬清。君于此可进佛寺，可入道观。可洗凡尘，可许宏愿。拜悲悯之佛祖，有慈心之善缘。曾爱恨与情仇，作过眼之云烟。谒道德之三清，悟乾坤之大观，思太极自无极，化善恶于初元。

佛寺水晶院东有天缘谷，此乃后汉君主刘知远与民女李三娘结缘之地也。谷内有天缘石，结缘台，饮马泉，龙凤亭，天缘桥等遗址与景观。君欲探访此谷者，必发思古之幽情也。缓步石阶，古义顿生，夹道幽林，郁郁葱葱，蓝天一线，曲径飘风。百鸟朝凤凰欢歌，天籁与韶乐共生。遥想正五代当年，知远曾戎马倥偬。英雄怀美人征伐，金戈挥铁马柔情。位极方歇马洗尘，宏图化匆促一梦。是焉非焉？千年只留慨叹一声。

天缘谷向南过龙门有九龙壁。九龙壁下有九龙湖。九龙湖如镜如鉴，波光潋滟，湖底沉芳草碧树，水面聚祥云蓝天。山因水而灵秀，林因水而长鲜。君若徜徉于九孔桥上，喜临渊而沐清风，则神思为之一振。揽青松以嗅馨香，则身心为之一爽。此时此刻，君当烦愁尽消，宠辱皆忘。大千尘世，和阖宜彰，此君我之祈盼也！

李彦乔撰文

公元二〇〇九年九月九日

乌金山的宗教活动最早可以追溯到隋朝。

水晶院是乌金山历史最悠久的寺庙群。

龙王庙是乌金山规模最大的寺庙群。

太清宫是乌金山环境最美的寺庙群。

座座寺庙就像茫茫绿海中时隐时现的海市蜃楼，显得缥缈奇幻而又雄伟壮观……

第五章 宗教·神祇·信仰

第一节 佛 教

佛教发源于印度，东汉永平年间正式传到中国。佛教传到中国以后与中国的传统文化相互影响、吸收、融合，发展成为中国的五大宗教之一，同时也成为中华文化的重要组成部分。佛教对中国古代的社会、历史、哲学、文学、艺术等文化形式都产生了深刻的影响。乌金山的佛教寺庙建设最早可以追溯到隋朝，这里最早的佛教寺庙，如水晶院已有1400余年的历史。榆次乌金山与佛教圣地五台山有着很深的历史渊源，比如水晶院寺庙就是一位来自五台山的云游和尚剁手明志，靠化缘修建而成的。所以乌金山一向被称作五台山下院，文殊菩萨的道场，亦即人们常说的“小五台”。特殊的地理环境造就了乌金山宗教活动的活跃，这里有大大小小的寺庙几十座，闻名三晋的水晶院就是乌金山众多佛教寺庙的代表。虽经朝代更迭、战火频仍，但乌金山水晶院的香火一直延续至今。

水晶院

水晶院寺庙群是乌金山人文景观的精华之一，位于乌金山主峰东侧。据考，水晶院约始建于隋末，经历代多次修葺，明清时期达到顶峰，成为邻近市县善男信女膜拜的胜地。水晶院乃是一位来自五台山的云游和尚剁手明志化缘而建，寺庙建筑雄浑大气，金碧辉煌，甚是壮观。

根据榆次旧县志记载，乌金山上水的景致在水晶院中表现得最为奇特。水晶院历史上又称水晶寺，是古时乌金山最大的寺院，也是全山的中心寺院，龙泉即在此寺之中。据说清宣统年间重修该寺院之前，寺院中为方砖铺地，砖下皆是涌泉。人行其上，泉水从砖缝中喷溅四射，如玉似晶，甚是壮观。所以乌金山旧八景中，即有“水晶漫院”一景，“水晶寺”的名称也从此景引申而来。水晶院依山迭建，构筑宏伟，从南向北分 4 个部分，即山门殿、大文殊殿、观音殿、大雄宝殿。

山门殿

山门殿又称天王殿，殿内塑有四大天王神像。佛寺的大门一般都是三门并立，中间一大门，左右各一小门，所以山门殿又称“三门殿”，象征着佛教的“三解脱门”，即空门、无相门、无作门。后来习惯写作“山门殿”，包括山门殿和钟、鼓二楼。

山门殿两侧塑像为四大天王，分别为东方持国天王、南方增长天王、西方广目天王、北方多闻天王。

四大天王是梵语的汉文意译，音译为“缚日罗”或“伐折罗”，即“金中最刚”，指牢固、坚锐，能摧毁一

水晶院全景

山门殿

切，因此，又称“四大金刚”。四大天王的任务是各护一方世界，四大天王塑像通常分列在佛寺的第一重殿的两侧。

早期四大天王形象为：头戴花鬘冠，上身穿着甲胄，下身穿战裙，赤脚。他们手中所持的法器象征风、调、雨、顺。南方增长天王手持剑，象征风；东方持国天王手持琵琶，象征调；北方多闻天王手持一伞，象征雨；西方广目天王手握一条蛇，象征顺。表示佛门“庄严国土，利乐有情”的博大情怀和祈求“风调雨顺，国泰民安”的慈悲心愿。

四大天王座次：左边第一尊是东方天王，又称“东方持国天王”，身白色，穿甲胄，手持琵琶。表明他是用音乐来感化和劝导众生断恶从善。中国内地佛教寺院中的持国天王塑像，因受《封神演义》等民间神话影响，为手持琵琶，身披中国式战甲的武将形象。

左边第二尊是南方天王，又称“南方增长天王”。身青色，穿甲胄，手握宝剑。表明他是用武力来惩恶护善。中国内地佛教寺院中的增长天王塑像，因受《封神演义》等民间神话影响，这位天王则是身青色，手持宝剑。

右边第一尊是西方天王，又称“西方广目天王”。身红色、穿甲胄，手持的是龙。表明他惩恶护善的办法不是靠杀，而是把敌人捉起来后强迫他改邪归正。中国内地佛教寺院中的广目天王塑像，因受《封神演义》等民间神话影响，广目天王多为身红色，手中缠绕一龙的形象。

右边第二尊是北方天王，又称“北方多闻天王”。身绿色、穿甲胄、配长刀、右手持伞（又称宝幡）、左手持银鼠，表明他是一边引导众生向善，一边用武力来降魔伏怪。中国内地佛教寺院中的多闻天王塑像，因受《封神演义》等民间神话影响，所塑多闻天王大多为头戴毗卢宝冠，一手持伞的形象，以表福德之意。

大文殊殿

大文殊殿院落主要建有文殊殿，文殊殿内主要塑像为智慧文殊。

文殊菩萨梵名音译作“文殊师利、曼殊室利”，意译为“妙德、妙吉祥、法王子”。文殊菩萨生于舍卫国，梵德婆罗门家族，从母亲的右胁出生。身体为紫金色，刚生下来就能够说话，不久就在世尊座下出家。因其出生时，家族中出现十种瑞相，故名妙吉祥。代表聪明智慧，因德才超群，居菩萨之首，故称法王子。师利或室利，意为吉祥、美观、庄严，是除观世音菩萨外最受尊崇的大菩萨。为我国佛教四大菩萨（观音菩萨、文殊菩萨、地藏菩萨、普贤菩萨）之一。文殊又名智慧菩萨，与普贤菩萨成为释迦牟尼佛之左右胁侍；即文殊驾狮子侍之左侧，普贤乘白象侍右侧。文殊菩萨和释迦牟尼佛、普贤菩萨合称“华严三圣”，又一起被称为现在娑婆世界的“释迦三尊”。他和观音“大悲”、地藏“大愿”、普贤“大行”并称四大菩萨。文殊菩萨在道教中称文殊广法天尊。

在大乘佛教里，文殊位列诸菩萨上首，常与普贤侍佛左右，所有的佛教弟子，都把文殊当成智慧的化身。文殊法象是顶结五髻，坐莲花宝座，双手合十，头戴天冠，身披瓔珞衣着，飘逸且雍容华贵，柔和中带若雅静的天人像。这是智慧、辩才锐利、威猛的象征。他的美名尊号是“大智文殊”。顶有五髻，表示五智无上无得之相。五智：法界体性智、大圆镜智、平等性智、妙观察智、成所作智。莲花台，表示清净。据说他在诸大菩萨中智慧辩才第一。

山西五台山是文殊菩萨的道场，它与四川峨眉山（普贤菩萨道场）、浙江普陀山（观音菩萨道场）和安徽九华山（地藏菩萨道场）并称中国佛教四大名山。五台山被确定为文殊菩萨道场，在四大名山中是唯一见于经典的。唐证圣元年（695年），武则天下令重译的《华严经》中说："东北方有处名清凉山。从昔以来，诸菩萨众于中止住。现有菩萨名文殊师利，与其眷属诸菩萨众一万人，俱常在其中而演说法。"由此开始，五台山便被佛教徒一致公认为文殊菩萨圣地，并随着时间的推移而名扬天下。

文殊菩萨圣诞在农历四月初四。

文殊殿

观音殿

观音殿院落主要建筑为观音殿，主要塑像为“三大士”，即中间为观音菩萨，左面为文殊菩萨，右面为普贤菩萨，两侧为十八罗汉像。

观音菩萨

观音菩萨是梵名音译，又作观世音菩萨、观自在菩萨、光世音菩萨等，略称观音菩萨。从字面解释就是“观察（世间民众的）声音”的菩萨，是四大菩萨之一。他相貌端庄慈祥，经常手持净瓶杨柳，具有无量的智慧和神通，大慈大悲，普救人间疾苦。在佛教中，他是西方极乐世界教主阿弥陀佛座下的上首菩萨，同大势至菩萨一起，是阿弥陀佛身边的胁侍菩萨，并称“西方三圣”。观音菩萨与文殊菩萨、普贤菩萨、地藏菩萨一起，被称为四大菩萨。

观世音菩萨在中文佛典中的译名，因避唐太宗李世民的讳，略去“世”字，简称观音。照梵文原义，意思是“观照世间众生痛苦中称念观音名号的悲苦之声”，全称尊号是“大慈大悲救苦救难观世音菩萨”。观世音的名字蕴涵了菩萨大慈大悲济世的功德和思想。观音菩萨在佛教诸菩萨中，位居各大菩萨之首，是我国佛教信徒最崇奉的菩萨，拥有的信徒最多，影响最大。

在佛教寺院殿堂里，我们看到的观音造像大都是女性形象，她面目清秀，头戴花冠，衣着华丽，宛如我国古代的贵妇人。根据佛教的教理，菩萨是无漏（断除了烦恼，证得菩提）圣人，是法身大士，无所谓男性女性，亦无男女之别。观音像头戴天冠，天冠中有阿弥陀佛像。结跏趺呈吉祥坐于莲花座上，右手持一枝未开全的莲花，左手施大悲无畏印。天冠即俗称的帽子，天冠

观音殿

中有阿弥陀佛像，是观音菩萨和其他菩萨的重要区别，头戴阿弥陀佛像表示能降服外道魔障。观音结跏趺呈吉祥坐，是盘腿打坐的一种姿势，即双腿盘紧，右脚压在左腿上。手持未开全的莲花代表一切众生犹如莲花一样本来自性是清净的，但是莲花未开表示众生为无明所覆，尚在迷惑阶段。大悲无畏手印，为横臂当胸前，五指向上，掌心向外，拇指尖与食指尖相连，成圆圈状，其余三指微微弯曲分开。无畏印是布施无恐惧予众生，是观音菩萨救度众生，使从头生能够安心的手印。是观音最基本、最常见的形象。本座殿堂观音像头戴天冠，天冠中有阿弥陀佛像，骑朝天吼，左腿盘坐，右腿下垂，呈自在观音像。

观音菩萨的道场名叫补怛洛迦。补怛洛迦是梵语的音译，又作“普陀洛迦”、“布达拉”，意为“光明山”、“海岛山”、“小花树山”等。据史料记载，唐朝时我国高僧玄奘，西藏优婆塞（居士）寂光、月宫等人先后游历过此山。据玄奘记录，它的位置在今印度提纳弗利县境内，位于西高止山南段，秣剌耶山以东的巴波那桑山的位置。岛上满布小白花，清香美丽，观音菩萨住此山中，常放光明，表示大悲光明，普门示现，因而得名。在中国浙江省舟山市普陀区，舟山群岛之一的普陀山。岛呈狭长形，岛内崎岖，由南至北，有锦屏山，光游峰，伏龙山，雪浪山，青鼓山等，其中最高是岛北的佛顶山。岛东南有一小岛名洛迦山，合称为普陀洛迦山，后人渐将普陀及洛迦分成两个山名。

我国几乎所有的佛教寺院都供有观音像。如天台宗、密宗分别传有“六观音”，禅宗亦塑有各种观音像。净土宗更是把观音作为“西方三圣”之一来供奉。从隋唐以来，民间更是形成了广泛的观音信仰，并逐渐形成了以敬奉观音为主的三个农历宗教节日：二月十九为观音诞生日，六月十九为观音成道日，九月十九为观音出家日，民间有的将这三日并称为观音菩萨圣诞。

普贤菩萨

普贤菩萨是我国佛教四大菩萨之一。普贤菩萨辅助释迦佛弘扬佛道，且遍身十方，常为诸佛座下的法王子，他和释迦牟尼、文殊菩萨合称为“华严三圣”。不但能广赞诸佛无尽功德，且能修无上供养，能作广大佛事，能度无边有情，其智慧之高，愿行之深，唯佛能知。

在佛教寺院中，普贤菩萨塑像身呈金色，头带五如来冠，面容安祥，身披袈裟，结跏趺坐在置于白象背上的莲台座上，白象口中长有六根象牙，粗鼻弯曲垂地，四条象足分别踩在四朵莲花上。象是一种大动物，其力大无比，行走稳重，性情温和，所以在佛教中以象表示佛的威仪，表示菩萨性善柔和而且具有大势力。长六牙的白象：白色表示没有烦恼沾染，六牙表示六度，四足表示四如意。守护法华之行者。

普贤菩萨道场在四川峨眉山的顶峰即著名的“金顶”，由于太阳光照在云雾上产生的衍射现象，人背向太阳而立，投射在云雾上的人影周围，可以看到奇妙的彩色光环，这就是“佛光”，所以峨眉山也被称作“大光明山”。中国的佛教徒根据《华严经》内容，对应佛典中说普贤菩萨住在“光明山”，因此把四川峨眉山作为普贤菩萨的道场。普贤菩萨生日：农历二月二十一日

文殊菩萨

文殊菩萨，又名智慧菩萨，与普贤菩萨成对为释迦牟尼佛之左右胁侍；即文殊驾狮子侍之左侧，普贤乘白象侍右侧。文殊菩萨和释迦牟尼佛、普贤菩萨合称“华严三圣”，又一起被称为现在娑婆世

界的“释迦三尊”。他和观音“大悲”、地藏“大愿”、普贤“大行”并称四大菩萨。文殊菩萨在道教中称文殊广法天尊。

文殊菩萨显女相，造像为端骑在狮背上，两耳垂肩，双目平视，手执如意。所骑雄狮四蹄蹬地，昂首竖耳，呈吼叫状，表示以无畏的狮子吼震醒沉迷的众生。

山西五台山是文殊菩萨的道场（详见“文殊殿”一节）。

十八罗汉

在大殿两边塑有十八罗汉像。罗汉全称阿罗汉，是梵文的音译，它是古印度部派佛教（小乘佛教）信众修行的最高果位，罗汉在佛界的等级仅次于佛和菩萨。

释迦牟尼佛为使佛法在佛灭度后能流传后世，使众生有听闻佛法的机缘，嘱咐十六罗汉永住世间，分居各地弘扬佛法，利益众生。佛教传到中国后，十六罗汉成为艺术家创作的题材，后来演变成为十八罗汉。十八罗汉的石窟雕像不多，但在寺庙中则比较常见。十八罗汉为：

1. 举钵罗汉。“钵”是和尚用来盛饭菜的食具，是用铁制成的，因此“钵”字从金，本字是拟声的字旁。是一位化缘和尚，经常向施主们乞食，他的化缘方法是举起铁钵，向人乞求。他修成正果后，人称“举钵罗汉”。

2. 笑狮罗汉。狮子代表佛教的神威，因为狮子发声宏亮，山鸣谷应，震动天地，佛法如同狮子一样。这位罗汉原是一位猎人，专门猎狮，后得一和尚感化，出家为僧，戒杀一切生物。当他修成正果时，却有一只小狮走到他身边，似乎感激他放下屠刀，不杀它的兄弟父母，他就把小狮带在身边，后来得道，连小狮也成为神物。

3. 开心罗汉。他是中天竺国王之太子，国王立他为储君，他的弟弟因而作乱，他立即对弟弟说：“你来做皇帝，我去出家。”他的弟弟不信，他说：“我的心中只有佛，你不信，看看吧!”说也奇怪，他打开衣服，弟弟看见他的心中果然有一佛，因此才相信他，不再作乱。他也真的出家，后来到唐朝的京城长安传教。

4. 托塔罗汉。塔，是取梵文“塔婆”一词的第一音而音译的中国字。在佛教传入中国以前，中国古代是没有塔的，故特造“塔”

字，佛教中的塔，是载佛骨的东西，于是塔也成为佛的象征。苏频陀是佛祖最后一名弟子，他为了纪念师傅，特地把塔随身携带，作为佛祖常在之意。

5. 布袋罗汉。相传他是印度一位捉蛇人，捉蛇是为了方便行人免被蛇咬。他捉蛇后拔其毒牙而放生于深山，因发善心而修成正果。相传他在中国显灵。于 907 年五代梁朝时他在奉化出现负一布袋。(917 年)在岳林寺磐石上说佛偈曰：“弥勒真弥勒，分身千百亿，时时示时人，时人自不识。”说完他便失踪了。

6. 看门罗汉。是佛祖释迦牟尼亲信弟子之一，他到各地去化缘，常常用拳头叫屋内的人出来布施。有一次因人家的房子腐朽而不慎把它打烂，结果要道歉认错。后来他回去问佛祖，佛祖说：“我赐给你一根锡杖，你以后去化缘，不用打门，用这锡杖在人家门前摇动，有缘的人，自会开门，如不开门，就是没缘的人，改到别家去好了!”原来这锡杖上有几个环，摇动时发出声音。人家听到这声音，果然开门布施。

7. 沉思罗汉。名叫罗怙罗多尊者，是印度一种星宿的名字。古印度认为日食月食是由一颗能蔽日月的星所造成。这位罗汉是在月食之时出世，故取名罗怙罗多，即以该蔽日月之星命名。

8. 坐鹿罗汉。这位罗汉本来是印度优陀延王的大臣，权倾一国，但他忽然发心去做和尚。有一日，皇宫前出现一名骑鹿和尚，他用种种比喻，说明各种欲念之可厌，结果国王就让位太子，随他出家做和尚。

9. 过江罗汉。相传东印度群岛的佛教最初是由钹陀罗传去的。他由印度乘船到东印度群岛中的爪哇岛去，传播佛法，因此称之为过江罗汉。

10. 伏虎罗汉。他出家修行的寺门每日有虎啸，他说虎饿了，如果不给他斋菜，就会吃人。他将食堂上众和尚的饭菜，每位取起一些，用桶载着，放在门外，这老虎果然于晚上来吃。这一来，这只老虎就被他收服了，故名伏虎罗汉。

11. 降龙罗汉。相传古印度时有恶魔名波旬，那波旬煽动那竭国人，四出杀害和尚，尽毁佛殿佛塔，将所有佛经劫到那竭国去。当时海龙王发动洪水，将那竭国淹没，把佛经收藏于龙宫之内，等待有法力的僧人取回，而佛经交由庆友尊者入宫取回。因此他也就被名为降龙罗汉。

12. 喜庆罗汉。是古印度论师之一，他在演说及辩论时，常带笑容，又因论喜庆而名闻天下，故名喜庆罗汉。

13. 芭蕉罗汉。相传他出生时，雨下得正大，芭蕉树正被大雨打得沙沙作响，他的父亲因此为他取名为雨。他出家后修成罗汉果，又相传他喜在芭蕉下修行，故名芭蕉罗汉。

14. 探手罗汉。他被称为探手罗汉，因他打坐时常用半迦坐法，此法是将一腿架于另一腿上，即单盘膝法，打坐完毕即将双手举起，长呼一口气。

15. 骑象罗汉。象是佛法的象征，比喻象的威力大，能耐劳又能致远。本是一位驯象师，出家修行而成正果，故名骑象罗汉。

大雄宝殿

16. 挖耳罗汉。他也是一位论师，因论《耳根》而名闻印度。佛教中除不听各种淫邪声音之外，更不可听别人的秘密。因他论耳根最到家，故取挖耳之形，以示耳根清净。

17. 静坐罗汉。这位罗汉是一位大力罗汉，原为一位战士，力大无比，后来出家为和尚，修成正果。他的师父教他静坐修行，放弃从前当战士时那种打打杀杀的观念，故他在静坐时仍现出大力士的体格。

18. 长眉罗汉。这位罗汉生下来就有两条长长的白眉毛。原来他前世也是一位和尚，因为修行到老，眉毛都脱落了，脱剩两条长眉毛，仍然修不成正果，死后再转世为人。他的父亲送他入寺门出家，终于修成正果。

大雄宝殿

大雄宝殿院落主要建筑为大雄宝殿，水晶院大雄宝殿依山势而建，院心通往大雄宝殿有六十六级石阶。在佛教寺院中，大雄宝殿就是正殿。大雄宝殿是整座寺院的核心建筑，也是僧众朝暮集中修持的地方。此殿主要塑像为“横三世佛”，即中间为释迦牟尼佛、右边为西方极乐世界的阿弥陀佛、左边为东方净琉璃世界的药师佛。

释迦牟尼佛

大雄宝殿中供奉释迦牟尼佛的佛像。大雄是佛的德号。大者，是包含万有的意思；雄者，是摄伏群魔的意思。因为释迦牟尼佛具足圆觉智慧，能雄镇大千世界，因此佛家弟子尊称他为大雄。宝殿的“宝”，是指佛法僧三宝。

释迦牟尼佛，净饭王太子，名为悉达多，意为“一切有成就者”，全名悉达多·乔达摩。释迦牟尼佛以本誓愿，于娑婆世界五浊恶世示现成佛，是佛教创始人。释迦是部落的名称,意思是“能”，“牟尼”可译作“文”，是一种尊称，含有“仁，儒，寂寞，忍”等意，释迦牟尼的意思是“能仁”、“能儒”、“能忍”、“能寂”等。因父为释迦族，成道后被尊称为释迦牟尼，意即“释迦族的圣人”。

释迦牟尼造像特点为鼻梁修长，不见鼻孔。眉如初月。耳大垂轮。唇如红红频婆果之色，实即红苹果色，上下唇相称。脸宽圆洁

净丰满如秋月，即所谓“佛爷脸”。眼眶又宽又长，眼睛青白分明。手指脚趾圆而细长柔软，不见骨节。指甲狭长薄润，光洁明净，如花色赤铜。头发长而不乱，右旋螺发，稠密，作绀青色。手足及胸部皆有吉祥喜旋的卍字。

大雄宝殿中的释迦牟尼佛像的造型姿势有三种，第一种是结跏趺坐，左手横置左足上，名为定印，表示禅定的意思；右手直伸下垂，名为“触地印”，表示释迦在成道前的过去生中，为了众生牺牲了自己的一切，这些唯有大地能够证明，因为这些都是在大地上做的事。这种姿势的造像，名为成道相；第二种是结跏趺坐，左手横置左足上，右手各上屈指作环形名为“说法印”，这是“说法相”，表示佛说法的姿势；第三种是一种立佛，左手下垂，右手屈臂向上伸，这名为“栴檀佛像”，传说是佛在世时印度优填王用栴檀木按照佛的面貌身形所作。手下垂名为“与愿印”，表示能满众生愿；上伸名为“施无畏印”，表示能除众生苦。后来仿照此形象制作的也叫做“栴檀佛像”。

释迦牟尼佛的纪念日共有四个（阴历日期），即释迦牟尼佛出家：二月初八日。释迦牟尼佛涅磐：二月十五日。释迦牟尼佛圣诞：四月初八日。释迦牟尼佛成道：十二月初八日。

阿弥陀佛

西方极乐世界的阿弥陀佛，其名号梵音为“无量寿”、“无量光”，别名无量寿佛、无量光佛、观自在王佛、甘露王。密号为清静。他是西方极乐世界的教主，因为他能接引信奉的众生往生西方净土，所以又称“接引佛”。与观音菩萨、大势至菩萨合称“西方三圣”。阿弥陀佛结跏趺坐，又作叠置足上，掌中有一莲台，表示接引众生的意思。

水晶院石刻

据记载，在很古的时候，他原是世自在王佛时的法藏比丘，受到世自在王佛的教化，自愿成就一个尽善尽美的佛国（极乐净土），并

天缘谷摩崖佛像

要以最善巧的方法来度化众生，发了四十八誓愿，因此成就了他成佛的愿望，而成为阿弥陀佛，现在仍在弥陀的西方净土说经法，据说遇到他大慈光的人，能够避免一切痛苦。强调往生极乐世界的思想，就是建立在阿弥陀佛信仰上。并逐渐形成后来的净土宗。随着净土宗在中国的普及，阿弥陀佛成为最流行的佛陀。甚至“阿弥陀佛”四字成为一般中国佛教徒间相互问候语。

“南无阿弥陀佛”，阿弥陀是佛的名号，名号来源于梵语音译，“阿弥陀”在梵语中为“无量”或者“无穷大”的意

思，“南无”为梵语“皈依”的意思。快要死的人念“南无阿弥陀佛”，他将带你的灵魂去极乐世界。

阿弥陀佛生日：农历十一月十七日

药师佛

东方净琉璃世界的药师佛，梵文又作药师如来、药师琉璃光王如来、大医王佛、医王善逝、十二愿王。为东方净琉璃世界之教主。据《药师琉璃光如来本愿功德经》载，日光遍照菩萨与月光遍照菩萨同为药师佛的二大胁士，并称为药师三尊。

药师佛面相慈善，仪态庄严，身呈蓝色，乌发肉髻，双耳垂肩，身穿佛衣，袒胸露右臂，右手膝前执尊胜诃子果枝，左手脐前捧佛钵，双足跏趺于莲花宝座中央。身后有光环、祥云、远山。

药师佛生日：农历九月三十日

第二节 道 教

道教是中国固有的一种宗教，东汉时形成，距今已有1800余年的历史，与佛教传入中国的时间相近，到南北朝时盛行起来。他的教义与中国本土文化紧密相连，深深地根植于中华文化的沃土之中，具有鲜明的中国特点，并对中华文化的各个层面产生过巨大的影响。乌金山是道教较早有活动的地方，遗址有吕祖洞、黑龙池、幽冥洞等。道教有深厚的宗教文化积淀，它不仅集中体现了道家的信仰，而且也孕育着传统的民族精神，乌金山依山势构筑的道观庙宇、石室洞府藏幽罗奇，招人寻迹；寓意奥秘的瘦语谶图，任人破译。乌金山道教文化极其高雅，亦极其通俗，它吸引了众多善男信女，他们不辞劳苦，访圣祈福、顶礼膜拜，寻求精神的依托。

太清宫远景

太清宫

太清宫亦称三清宫，太清宫寺庙群是乌金山人文景观精华之二，位于乌金山主峰北侧。据考，太清宫约始建于唐初，后历代多次修葺，明清时期达到顶峰。其古老深厚的历史底蕴和极为丰富的人文内涵自古即被人称道。太清宫依山迭建，构筑宏伟，从南向北分三个部分，依次为山门殿、真武大殿、三清殿。

山门殿

山门院落包括有山门殿和钟、鼓二楼，这一名称还保留着当初道众聚于山林隐修的痕迹，来到宫观，仙、俗相分的标志就是宫观的山门。按照道教的说法，跨过山门，就意味着踏进了仙界。与立于山门殿外眺望已是天壤之别、仙俗之别。进入大门，我们首先看到的是右手的钟楼和左手的鼓楼。俗话说，“晨钟暮鼓”。钟鼓是为了给道士们一种严整的时间观念，提醒他们勤学苦修，不要偷懒。

山门内塑有哼哈二将。

哼、哈二将

道教中的“哼哈二将”为守护庙门的两个神，形象威武凶恶，《封神演义》中把它们描写成两个有法术的督粮官。一个鼻子里哼出白气，一个口中哈出黄气。用来比喻有权势者手下得力而盛气凌人的人（如果碰巧是两个），也比喻狼狈为奸的两个人。

哼将名叫郑伦，原是商纣王的大将，他拜度厄真人为师。由于郑伦虔诚拜师，认真学法，因此深得度厄真人的钟爱，于是度厄真人很快授他一种法术，这就是“窍中二气”。他在“警卫”中如遇盗贼，只要鼻子一哼，就会响如洪钟，并随响声喷出两道白光，可吸敌人魂魄，所以，任何敌人在他面前都会失败。

哈将名叫陈奇，他腹内有一道黄气，如果遇到敌人，只要张口哈出一口黄气，同样可以吸敌人的魂魄，使敌人呆若木鸡，举手就擒，置敌人于死地。

真武大殿

真武大殿供奉着统领北方众神、主管天下水德的战斗之神，保佑万众安宁之神——北极玄天真武大帝。两侧塑有龟蛇二将。旧时真武庙是常见庙宇之一，真武的遗迹几乎遍布全国城乡各地，广泛地享受着人间的香火。

真武大帝

古代神话中，北方玄武、东方青龙、南方朱雀、西方白虎同为四方之神。因北方七宿（斗、牛、虚、危、室、壁）组成龟形，其下有腾蛇星，故龟蛇合体；位于北方，属水，其色玄，故称玄武。道教附会说，玄武生于黄帝时，为净乐国太子，入湖北太和山修炼，久而得道，被玉帝册封为玄武真君。宋真宗时，因避太祖父“赵玄朗”讳改称“真武”。宋天禧二年（1018 年）加封真武为“镇天真武应圣帝君”，简称真武帝君。由宋至明，历代皇帝对真武屡加封赠。道教把他尊为最高神灵，沿袭至今。

玄武真君造像多为“披发跣足、仗剑、踏龟蛇”，左右有金童、玉女、水火二将，神案下置龟蛇二将。

真武大帝又称玄天上帝，道教尊奉的北方玄武神。玄武本来是二十八宿中北方七宿之总名。战国典籍已有记载，尽管玄武作为神的地位，在汉代比前有所提高，但在此后较长一段时间内，人们仍视玄武之形象为龟蛇，为四方护卫神之一。直到唐末五代，玄武神的地位还是不高的。玄武信仰之兴盛和玄武神地位之提高始于宋代。道教自来崇拜星斗，尤其崇拜北斗，倡言“南斗注生，北斗注死”，所谓南斗即指玄武七宿之首宿。北宋时，帝王为了政治军事目的大倡玄武崇拜之时，道教也趁机推波助澜，为玄武制造种种神迹。两宋时已称真武为老君之化身，元明时则进一步称之为“金阙化身”，玄帝乃先天始气、太极别体。上三皇时，下降为太始真人；中三皇时，下降为太初真人；下三皇时，下降为太素真人，其地位几乎与道教最高神三清相当。玄武是最初的星辰神，被改造为动物神，而最终又被改造为人格神，身世一下变得无比高贵，地位也极其显赫，其原身龟、蛇，只好屈尊足下，成为其手下的龟蛇二将，两旁还常塑有金童、玉女。

龟、蛇二将

龟、蛇本是真武大帝在神话中最初的形象，即为龟蛇相缠，随着真武大帝地位的提高，道教附会成真武大帝收服的魔头。传说中龟蛇二将本是真武大帝的腑脏，也就是胃脏和肠子变化而成的。真武大帝当年修行时，不食五谷，把肚子和肠子饿得直闹腾，闹得真武大帝心烦，便将其掏出来扔在脚下。后来真武大帝成仙后，这肠子和肚子沾了灵气，变成龟蛇二将，成为二天门的门将，民间从此有龟蛇二将之说法。到宋代，龟蛇已经开始被化为人身的真武踩在脚下了，编造了真武大帝与龟蛇的关系，说当时水火旱蝗瘟妖六大魔王为害天下，玉皇诏玄武统丁甲神将与之战于洞阴之野，其中二魔仅坎离二气，化为苍龟巨蛇，玄武将之踩在脚下，再也不能变动了，于是降服。后来论功行赏时，巨蛇封为天关太玄火精、命阴将军、赤灵尊神，苍龟为地轴太玄水精、育阳将军、黑灵尊神，其他四魔也被收为部从。

十大元帅

殿内偏塑有水火十大元帅，他们各是雷门元帅田华，酆邪元帅孟山，混气元帅庞乔，仁圣元帅康席，猛烈元帅铁头，降生元帅高原，降魔元帅雷避邪，威灵元帅雷琼，风轮元帅广泽，火德元帅谢花荣。

三清殿

三清殿院落建有三清殿，供奉三清造像及四御大帝。

“三清”是玉清、上清、太清的全称，是道教的最高尊神。据道书记载“由混洞太无元之青气，化生天宝君，又称元始天尊，居清微天之玉清境，故称玉清。由赤太无元玄黄之气，化生为灵宝君，又称灵宝天尊，居禹余天之上清境，故称上清。由冥寂玄通元玄白之气，化生为神宝君，又称道德天尊，即老子，居大赤天之太清境，故称太清”。三君各为教主，称为三洞尊神，为神王之宗，飞仙之主，统御诸天神，宇宙万物都是它们所创造。

元始天尊

元始天尊为道教天神，在“三清”之中位为最尊，又名“玉清元始天尊”，“玉清大帝”。在道教宫观“三清殿”中，元始天尊居于中间，左手虚捻，右手虚捧（有的造像是手持混元宝珠），象征宇宙混沌，阴阳未判的“洪元”纪。

神诞之日是正月初一，民间亦有在冬至日供奉元始天尊的。

灵宝天尊

灵宝天尊为三清之第二位。又称“太上大道君”、“上清大帝”、封神榜中也曾称其为通天教主。在道教宫观“三清殿”中，其塑像居左位，或执太极图，或持如意，象征混沌始判、阴阳分明的“混元”纪。

道教以每年夏至日为灵宝天尊诞辰。是日，许多道教宫观亦必举办道场，祈福并超度亡魂。

太上老君

太上老君为三清之第三位。又称“道德天尊”、“混元老君”、“降生天尊”、“太清大帝”等。相传其原形为老子。在道教宫观“三清殿”，其塑像居右位，手执太极扇，象征阴静阳动、万物生长的“太初”纪。道家创始人老子的神化，道教奉为教祖。

传说农历二月十五日则是太上老君的生辰，为奉祀日。

四御大帝为道教天界尊神中辅佐“三清”的四位尊神，所以又称“四辅”。他们的全称是：中天紫微北极大帝、南极长生大帝、勾陈上宫天皇大帝、承天效法后土皇地祇。道教认为三清是宇宙万物的创造者，四御是统率天地的万神者。此外，四御还协助玉皇执掌天道。中天紫微北极大帝协助玉皇执掌天经地纬、日、月、星、辰、四时气候；南极长生大帝协助玉皇执掌人间寿夭祸福，勾陈上宫天皇大帝协助玉皇执掌南北极与天、地、人三才，并主宰人间兵革之事；承天效法后土皇地祇协助玉皇执掌阴阳生育，万物生长，与大地河山之秀。

紫微北极大帝

中天紫微北极大帝又称“紫微北极大帝”，“北极大帝”，“北极星君”，四御之一。

紫微北极大帝信仰来源于中国古代星辰崇拜，北极即是北极星的简称，又称“北辰”、“天枢”，居于紫微垣内。故紫微垣即为紫微宫，后来皇帝亦将其居住的地方称为紫禁城。道教认为北辰是永远不动的星，位于上天的最中间，位置最高，最为尊贵，是“众星之主”，“众神之本”。因此对他极为尊崇。

道经中称紫微北极大帝的职能为：执掌天经地纬，以率三界星神和山川诸神，是一切现象的宗王，能呼风唤雨，役使雷电鬼神。由此紫微大帝受到历代帝王的崇祀，尤其在宋代，常与玉皇大帝一起奉祀。其形象为帝王打扮，旁边有威风凛凛的武将护卫，十分高贵威严。

紫微大帝的神诞日为农历的四月十八日。

南极长生大帝

南极长生大帝全称“高上神霄玉清真王长生大帝统天元圣天尊”，居高上神霄玉清府，简称神雷玉府。高上神霄玉清真王长生大帝，专制九霄三十六天，三十六天尊统领。

勾陈上宫天皇大帝

勾陈上宫天皇大帝简称“勾陈大帝”、“天皇大帝”，为道教尊神“四御”中的第三位神。

天皇大帝与北极紫微大帝一样源于我国古代星辰崇拜，其实，勾陈同“钩陈”，是天上紫微垣中的星座名，靠近北极星，共由六颗星组成。所以后人又以勾陈为后宫。

勾陈大帝的职能为：协助玉皇大帝执掌南北两极和天、地、人三才，统御众星，并主持人间兵革之事。

承天效法后土皇地祇

承天效法后土皇地祇是道教尊神“四御”中的第四位天神，简称“后土”，俗称“后土娘娘”。与主持天界的玉皇大帝相配合，为主宰大地山川的女性神。

后土信仰源于中国古代对土地的崇拜。古代人们生活有赖于地，故“亲于地”，并加以“美报、献祭”，遂有“后土”崇拜，大约始于春秋时期。关于后土的记载，有的是作为神仙出现的，有的是作为一般人出现的，有的则记官名，均为男性。但是中国古代传统，以天阳地阴，在甲骨文与金文中，“后”字均为女人形状。至于“土”，吐也，能吐生万物也。

龙王庙

龙王庙寺庙群是乌金山人文景观精华之三，龙王庙位于乌金山主峰南侧，据考，龙王庙始建于唐代，后历代多次修葺，明清时期达到顶峰，成为邻近市县的旅游胜地，龙王庙寺庙群依山势而建，起伏跌宕，构筑雄伟，高大的殿宇亭阁掩映在千顷绿海碧浪之中，甚是壮观。从南向北分四个部分，即山门、五爷殿、龙王殿、玉皇阁。

山门

山门包括有山门殿和钟、鼓二楼，以及为了给五龙王唱戏而搭建的戏台。搭建戏台给五爷唱戏传说是文殊菩萨点化的。为的就是请名角，唱好戏，让五爷欣赏，以求五爷普济天下，风调雨顺，五谷丰登。

龙王庙山门

龙王庙内景

五爷殿

五爷殿内供奉五龙王，俗称五爷。乌金山作为五台山下院，现龙王庙内依五台山五爷庙规制建造五爷殿。旧时，当地百姓在山顶盖了龙王庙后，遇到天旱之年，人们到龙王庙祭祀祈雨，有求必应。相传，五爷十分爱热闹，喜看戏，老百姓在五爷庙对面又建了一座戏台，每年给五爷唱戏，保佑附近村庄地区年年风调雨顺，五谷丰登。

现在重修的五爷殿内的壁画为“风、雷、雨、电八部正神图”。

龙王殿

龙王庙殿内供奉老龙王和四海龙王。殿内壁画为“水族朝龙图”。

龙王殿

老龙王

龙王是神话传说中在水里统领水族的王，掌管兴云降雨。龙是中国古代神话的四灵之一。以方位为区分的“五帝龙王”，以海洋为区分的“四海龙王”，以天地万物为区分的 54 名龙王和 62 名神龙王。宋徽宗大观二年(1108 年)诏天下五龙皆封王爵。封青龙神为广仁王，赤龙神为嘉泽王，黄龙神为孚应王，白龙神为义济王，黑龙神为灵泽王。由此，龙王之职就是兴云布雨，为人们消灭炎热和烦恼，龙王治水成了民间普遍的信仰，以求龙王治水，风调雨顺。

龙在中国的历史传统与文化中扮演了十分重要的角色。实际上龙只是一种图腾，它并不存在于现实世界，而是由人类虚构的动物，它综合了许多动物的特征——蛇身、兽腿、鹰爪、马头、蛇尾、鹿角、鱼鳞。据考证，龙图腾的由来和原始部落不断的征战有关。在漫长的历史中，部落与部落之间对抗、吞并、联合，并把战胜的部落图腾上的一部分添加到自己的图腾上。久而久之，经过不断地吸收与充实，龙的特征也越来越多，形象日益复杂和威武庄严，最后形成了完整的龙图腾，并且成为整个华夏民族所信奉崇拜的标志。

正因为龙是以一种胜利者的姿态存在，人们就将想象的各种高超的本领和优秀的品质与美德都集中到龙的身上，以龙为尊。龙骁勇善战而智慧威严。他能显能隐，能细能巨，能短能长。秋分潜伏深水，春分腾飞苍天，吞云吐雾，呼风唤雨，鸣雷闪电，变化多端，无所不能。它能预见未来，并且象征着地位、富裕与吉祥。

四海龙王

四海龙王是奉玉帝之命管理海洋的四个神仙，弟兄四个中东海龙王敖广为大，其次是南海龙王敖钦、北海龙王敖顺、西海龙王敖闰。四海龙王的职责是管理海洋中的生灵，在人间司风管雨，统帅无数虾兵蟹将。唐僧西天取经，四海龙王曾多次帮忙，或去兴风作雨，或率兵助阵，自己的外甥小鼍龙触犯了圣僧，他们也不徇私情，

五爷殿

逮捕归案。被封为南海广利王、东海广德王、北海广泽王、西海广顺王。

龙王是道教神祇之一，源于古代龙神崇拜和海神信仰。被认为具有掌管海洋中的生灵，在人间司风管雨，因此在水旱灾多的地区常被崇拜。大龙王有四位，掌管四方之海，称四海龙王。小的龙王可以存在于一切水域中。龙王形象多是龙头人身。

龙王被认为与降水相关，遇到大旱或大涝的年景，百姓就认为是龙王发威惩罚众生，所以龙王在众神之中是一个严厉而有几分凶恶的神。中国东部的广大地区由于多受旱涝灾，民间为祈求风调雨顺，建有龙王庙来供拜龙王。庙内多设坐像，通常只立有一位龙王。

玉皇阁

玉皇阁是供奉汉民族天神主宰之玉皇大帝的殿堂。龙王庙中的玉皇阁不仅建筑体量大，玉皇大帝像塑得庄严高大、仪态万方，而且殿内的配神也是全国玉皇殿中最多最全的，所以又称“万神殿”。玉皇大帝造像基座为须弥座，正面浮雕为七十二神仙图，其他三面为六十元辰。其中后面为斗姆神君。

玉皇大帝

玉皇大帝居于太微玉清宫，全称“昊天金阙无上至尊自然妙有弥罗至真玉皇上帝”。究其信仰，缘于古代宗教，古时即有支配日、月、风、雨等自然变化和人间祸福、生死、寿夭吉凶等人生命运的最高神“帝”和“上帝”的说法。西周以后又称“皇天”、“昊天”、“天帝”等。宋徽宗政和六年(1116年)，又尊玉皇尊号为“太上开天执符御历含真体道昊天玉皇上帝”。

道教认为玉皇为众神之王，在道教神阶中地位极高，神权最大。道经中称其居住昊天金阙弥罗天宫，法身无上，统御诸天，综领万圣，主宰宇宙，为天界至尊之神，万天帝王。简而言之，道教认为：玉皇总管三界(天上、地下、空间)，十方(四

玉皇阁

方、四维、上下)，四生(胎生、卵生、湿生、化生)，六道(天、人、魔、地狱、畜生、饿鬼)的一切阴阳祸福。

玉皇大帝神诞之日为正月初九日。道教宫观要举行金箓醮仪，称“玉皇会”。道士和道教信徒都要祭拜玉皇大帝、行“斋天”大礼，以祈福延寿。中国北方过去还有举行玉皇祭、抬玉皇神像游村巡街的习俗。腊月二十五日传称是玉皇大帝下巡人间的日子，旧时道观和民间都要烧香念经，迎送玉皇大帝。

其他神祇

玉皇阁内周边还悬塑了所有民间神祇造像150多位，每尊有50厘米高，为我国玉皇殿中最多最全的一座大殿。他们是：

(1) **道教尊神：**三清、四御、太上老君、玉皇大帝、后土皇帝祇、王母娘娘（西王母）、三官（三元大帝）；

(2) **星辰之神：**斗姆、五斗星君、南斗星君、北斗星君、太白金星、真武大帝、文昌帝君、天聋地哑、魁星；

(3) **道教神仙：**九天玄女、宁封子、八仙、黄大仙、刘海蟾、麻姑、天妃娘娘（妈祖）；

(4) **祖师真人：**张天师、三茅真君、许真君、葛仙翁、二徐真君、陈抟老祖、王重阳、邱真人、张三丰；

(5) **护法神将：**马赵温关四大元帅、周岳康元帅、关圣帝君、灵官马元帅、萨真人、王灵官、三十六天将、四值功曹、六丁六甲、六十元辰、龟蛇二将、水火二将、青龙、白虎、金童、玉女、周公、桃花女、千里眼、顺风耳、雷神、雷王、闪电娘娘、风伯、雨师；

(6) **中华始祖神：**女娲、伏羲、炎帝（神农氏）、黄帝、无生老母；

(7) **爱神与婚姻神：**牛郎织女、喜神、床神、和合二仙、月下老人、泗州大圣、月光娘娘、华岳三娘；

(8) **生育神：**送子观音、张仙、送子弥勒、碧霞元君、九子母、鬼子母、金花夫人、子孙娘娘、玄女娘娘、顺天圣母、七星娘娘；

(9) **福禄神：**福神、禄星、文曲星、魁星；

(10) **寿神：**寿星（南极仙翁）、王母娘娘、彭祖、麻姑；

(11) **财神：**文财神与武财神、利市仙官、五路神、刘海、金元

七总管、掠刷神；

(12) 生活保护神：门神、灶神、火神、水井神、昊（上大下十）、药王、广泽尊王、开漳圣王、朱天大帝、厕神（紫姑坑三娘娘、三霄娘娘）、小儿神、狱神；

(13) 生产保护神：妈祖、千里眼顺风耳（金将军、柳将军）、加恶、加善、船神、虫王、蚕神、马神、酒神、茶神；

(14) 行业神：造字神、鲁班祖师、陶神、风火仙神、窑神、梅葛二圣、麻衣道者、无量祖师、梨园神、穷神、白眉神。吕祖殿

龙王庙壁画

吕祖殿

吕祖殿内奉祀吕洞宾祖师。吕洞宾是八仙中影响最大，传闻最广的一位仙人。关于他的介绍很多。一说他姓吕，名岩，字洞宾，号纯阳子，蒲州蒲坂县永乐镇招贤里人。生于唐德宗贞元年间，原为唐朝宗室，姓李，武则天时尽歼唐室子孙，于是携妻隐居碧水丹山之间，改为吕姓。因常居岩石之下，故名岩。又因常居洞中，故字洞宾。妻子死之后，号纯阳子。

一说他原是唐朝礼部侍郎吕渭的孙子，因仕途不顺，转而学道。传说他得道成仙之前，曾流落风尘，在长安酒肆中遇钟离权。钟离

关圣殿

权正在熬黄粱粥，见洞宾有睡意，即授一枕。洞宾酣睡，梦尽生平兴衰。先是中了状元，历翰林院，秘阁学士，学宰相十年。夫妻恩爱，子孙满堂。权势富贵，无与伦比。忽被重罪，籍没家财，妻离子散，流放岭南。穷苦之间，恍然梦觉。醒来米粥尚未熟。于是洞宾被“黄粱一梦”所感化，欲拜钟离权求其超度，钟离权又以生、死、财、气十试考验，都心无所动。于是授以金液大丹与灵宝毕法。后又遇火龙真君传以日月交拜之法和天遁剑法。他感司修道要，一断贪嗔，二断受欲，三断烦恼。他以慈悲度世为修道目的，誓愿潜心修道，度尽天下众生。初居终南山，又亲受钟离祖师上真秘诀，修炼成仙。于是周游天下，化度世人，或隐或现，世莫能测。民间有吕洞宾三醉邱阳楼度铁拐李、飞剑斩黄龙等故事，形象生动。因吕洞宾既精剑术，又能饮酒，善于诗文，故又被称为“剑仙”、“酒仙”、“诗仙”。

宋代，吕洞宾被封为“妙通真人”。元代封为“纯阳演政警托孚佑帝君”。又曾传度刘海蟾、王重阳，开道教北宗。王重阳创立全真道后，又奉他为“北五祖”之一，故尊称为“吕祖”。

吕祖诞辰为农历四月十四日。

关圣殿

关圣殿里塑有关圣帝君。关圣帝君乃三国时代蜀汉的大将关羽，字云长，美须髯，武勇绝伦，与刘备、张飞结义于桃园，即所谓桃园三结义。平定西蜀，督师荆州，曾经大破曹军。他的忠义大节，永垂青史。

关帝圣君乃儒、释、道三教均尊其为神灵者，在儒家中称为关圣帝君外，另有文衡帝君之尊称，由于历代封号不同，有协天大帝、翔汉天神、武圣帝君、关帝爷、武安尊王、恩主公、三界伏魔大帝、山西夫子、帝君爷、关壮缪、文衡圣帝、崇富兵君等，民间则俗称恩主公。

东汉延熹三年（160年）农历六月廿四，关羽降生于直隶校尉部河东郡解县下冯村（现今运城常平乡常平村），后解县升为州，亦称关羽为解州人。

中国民间宗教自汉以来，渐渐融合儒、释、道三教而为一的民间信仰。然而民间所信仰的神明，大多数可分出其所属的系统。但是，关圣帝君却是儒释道三教共同的神灵，具有如此重要的地位和成就的神明，在中国民间信仰中并不太多。儒教尊关公为五文昌之一，尊他为“文卫圣帝”，或称“山西夫子”，或尊他为亚圣或亚贤。道教则奉关公为玉皇大帝的近侍，尊他为“翊汉天尊”、“协天大帝”或“武安尊王”。佛教也以其忠义足可护法，并传说他曾显圣玉泉山，皈依佛门，因此，尊他为“盖天古佛”、“护法伽蓝”。

民间祭祀关公，本斋供奉关帝日期：农历五月十三日、农历六月廿四日、农历十二月十六日。

第三节 儒　教

儒教是中国封建社会长期形成的特殊形式的宗教，中国是否存在儒教，学术界有不同的观点。有的认为不存在儒教，“儒”是中国春秋战国时代，“百家争鸣”中的一家，是一个学术派别。有的认为存在儒教，孔子为教主，汉武帝利用政治权利把孔子学说宗教化，定儒教于一尊。到了隋唐时期，儒教就更是被确认为一教，与佛教、道教并称为三教。原先乌金山水晶院有三圣殿，内中供奉着释迦牟尼、太上老君和孔圣，三教合一的思想在这里得到最完美的彰显。

九峰塔

九峰塔（亦称文峰塔）是我国古代人为使当地文脉顺达，多出人才而根据风水理论建造的具有观赏性和标志性双重意义的建筑。九峰塔是科举制度的产物，同时也是儒、释、道三种思想共同作用下的产物。

从 14 世纪开始，随着堪舆学说的盛行，塔这种建筑形式就从宗教走向了世俗，其作用与价值被大大延伸，在佛塔之外别开一支。一种名为九峰塔的风水塔几乎遍及城乡，成为文化与建筑史上的一道独特景观。其中的一支来源于中国古老的儒家文化，取名为“九峰塔”，其目的也在一个“文”字，即兴文运、重礼教，以为文运之象。而此类古塔别名甚多，亦称“文笔塔”、“文星塔”，或曰“崇文塔”、“三元塔”、“聚星塔”等。其中“三元”指天、地、水三官，修塔于山顶，以镇山川。到后来更是和科举相关联，取“连捷三元”之意。

乌金山九峰塔为砖结构，由塔座、塔身、塔刹三部分组成。外廓平面八角形，塔层之间以砖雕椽、飞、斗拱组成的塔檐相隔。塔自下而上收分至塔顶，共九层。塔内室平面方形，塔室之间以转折回廊式阶梯塔道相通。外廓塔壁和内室塔壁组成套筒式结构建筑。

九峰塔内供文昌星，也称文昌帝君，他是主管考试、文运，及助佑读书和撰文的神灵，也就是天上专门管理人间读书人文运以及求取功名的一位官员。

乌金山九峰塔选址巧妙，寓意深远。登塔眺望，周边景物，尽收眼底。山峰颠连，林海涌涛，佛寺庄严，道观辉煌。真有“会当凌绝顶，一览众山小”之感。

九峰塔

乌金山具有典型的华北地区太行山土石山区植被特征。

乌金山国家森林公园共有物种 480 多个，其中植物物种 330 余个，动物物种 150 余个。

白皮松为国家二级保护树种。

闪金柏为珍奇树种。

蒙椴、黑弹朴、本氏木兰为稀有树种。

丽豆为濒危树种。

雪貂、金钱豹为国家一级保护动物。

乌金山生态保护区已经基本形成……

植被·物种·管护

第六章

第一节 植 被

乌金山国家森林公园地处山西中部的太行山西脉，属暖温带大陆性季风气候，植被为干旱、半干旱类型，具有典型的华北地区太行山土石山区植被特征。

1986 年，北京林学院专家教授对乌金山的植被生态状况进行过一次较为详尽的考查。考查结果显示，乌金山天然森林植被中共有木本、草本物种 330 余种。森林植被类型主要有油松林、侧柏林、油松—白皮松—侧柏混交林、侧柏—白皮松混交林、油松—华北落叶松人工混交林等。

1996 年，榆次市“林业生态示范工程总体规划”项目对乌金山植被的调查显示，在有林地中，以油松为优势树种的林地 1583 公顷，占森林总面积的

莛蒾

金银木

黄刺玫

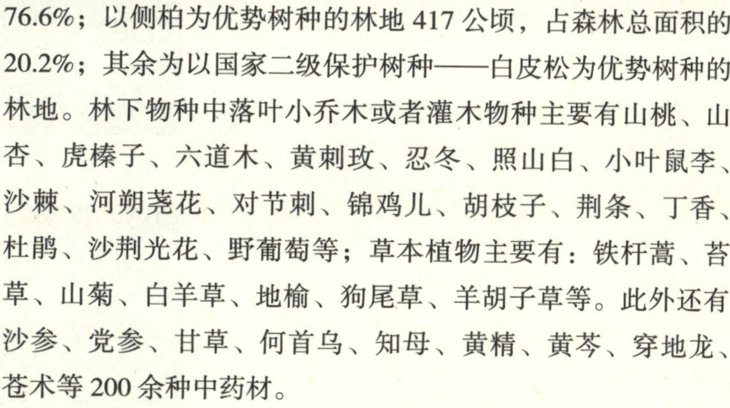

76.6%；以侧柏为优势树种的林地417公顷，占森林总面积的20.2%；其余为以国家二级保护树种——白皮松为优势树种的林地。林下物种中落叶小乔木或者灌木物种主要有山桃、山杏、虎榛子、六道木、黄刺玫、忍冬、照山白、小叶鼠李、沙棘、河朔荛花、对节刺、锦鸡儿、胡枝子、荆条、丁香、杜鹃、沙荆光花、野葡萄等；草本植物主要有：铁杆蒿、苔草、山菊、白羊草、地榆、狗尾草、羊胡子草等。此外还有沙参、党参、甘草、何首乌、知母、黄精、黄芩、穿地龙、苍术等200余种中药材。

2008年，榆次区林业部门又对乌金山不同海拔、不同地段的森林植被情况进行了科学抽样调查。调查结果显示，乌金山森林类型主要有天然油松林、天然侧柏林、天然白皮松林、天然油松—白皮松—侧柏混交林、天然侧柏—白皮松混交林、天然山杏—山桃混交林、人工油松—落叶松混交林、人工油松林、人工火炬—刺槐—油松混交林。

林下物种中小乔木和灌木主要有黄刺玫、虎臻子、荆条、照山白、丽豆、胡枝子、绣线菊、金银木、六道木、暴马丁香、河朔荛花、沙棘等106种；草类主要有铁杆蒿等。在48个样方中共记录了254种植物，分别隶属于76科185属。其中属种数较多的科有豆科（18属23种），菊科（17属31种），蔷薇科（15属28种），百合科（6属9种），唇形科（6属6种），禾本科（6属7种），伞形科（6属6种），藜科（5属5种）等。

在254种植物中，有乔木45种，占总物种数的17.7%；灌木61种，占总物种数的24.0%；草本植物148种，占总物种数的58.3%。其中植物群落类型有：

（1）油松—黄刺玫—虎榛子—草本，主要分布于乌金山海拔1300米~1500米之间的森林中，群落总覆盖率为95%。主要优势树种为油松、虎榛子等。

（2）油松—侧柏—黄刺玫—虎榛子—绣线菊—草本，主要分布于乌金山海拔1250米~1300米之间的森林中，群落总覆盖率为95%以上。主要优势物种为油松、侧柏、黄刺玫。

（3）油松—白皮松—侧柏—黄刺玫—荆条—绣线菊—草本，

忍冬

山楂

葛公菜

山桃

青荚儿菜

黄刺玫

主要分布于乌金山海拔 1200 米~1250 米之间的森林中，群落总覆盖率为 95%以上。主要优势物种为侧柏、油松、白皮松、黄刺玫、照山白以及草本植物。

（4）侧柏—白皮松—照山白—黄刺玫—蚂蚱腿子—草本，主要分布于乌金山海拔 1200 米左右的森林中，群落总覆盖率为 95%以上。主要优势物种为侧柏、白皮松、黄刺玫。

（5）侧柏—荆条—黄刺玫—草本，主要分布于中林山区域，为天然侧柏林，海拔 1250 米，主要优势物种为侧柏、荆条、黄刺玫。

（6）油松—落叶松—荆条—草本，主要分布于要罗山的人工造林区域，海拔在 1250 米~1300 米之间，群落总覆盖率为 95%以上。主要优势物种为油松、落叶松、黄刺玫、荆条。

（7）山桃—山杏—丁香—黄刺玫—草本，主要分布于乌金山林区西部区域阳坡，海拔在 1250 米~1300 米之间，群落总覆盖率为 85%以上。主要优势物种为山桃、山杏、黄刺玫、丁香等。

（8）丽豆—黄刺玫—荆条—草本，主要分布于乌金山林区西部区域的沟坡，海拔在 1200 米~1300 米之间，总覆盖率为 80%。

主要优势物种为丽豆、黄刺玫、荆条等。

(9) 河朔荛花—酸枣—黄刺玫—草本，主要分布在乌金山南部区域，海拔在 1150 米左右，总覆盖率为 55%。主要优势物种为河朔荛花、酸枣、黄刺玫。

(10) 鼠李—蚂蚱腿子—黄刺玫—草本，主要分布于乌金山南侧的裸岩区，海拔在 1200 米 ~1250 米之间，总覆盖率为 65%。优势物种为鼠李、蚂蚱腿子、黄刺玫。

第二节 物 种

经调查，乌金山国家森林公园共有 480 余个物种，其中植物物种 330 余种、动物物种 150 余种。在植物物种中，乌金山国家森林公园不仅有常见树种，还有稀有树种和濒危树种。在动物物种中，有国家重点保护的珍贵动物。

植　物

乔木

1. 油松： 别名红皮松、短叶松，松科、松属，为乌金山最主要的树种之一。其活立木蓄积量达52052立方米，占到乌金山活立木总蓄积量的80.05%。

油松的形态特征：乔木，高可达25米，胸径可达1米多；树冠在壮年期呈塔形或广卵形，在老年期呈盘状伞形；树皮灰棕色，呈鳞片状开裂，裂缝红褐色；叶一般为2针1束，长10厘米~15厘米；雄球花橙黄色，雌球花绿紫色，花期4—5月，果次年10月成熟。油松树干挺拔苍劲，四季常春，不畏风雪严寒，在-25℃时仍可正常生长。

2. 侧柏： 柏科，为乌金山的又一主要树种，其活立木蓄积量10810立方米，占到乌金山活立木总蓄积量的16.63%。

侧柏

绣线菊

油松

侧柏的形态特征：常绿乔木，树高一般达20米，干皮淡灰褐色，条片状纵裂；幼树树冠卵状尖塔形，老树广圆形；全部鳞叶，雌雄同株异花；球果阔卵形，近熟时蓝绿色，被白粉，熟时张开，种子脱出；花期3—4月，种熟期9—10月。侧柏为中国特产树种，适应性强，耐干旱瘠薄，分布广，寿命长，常有千年和数百年以上的古树存活。

3. 白皮松： 松科，原名巧家五针松，别名白骨松、三针松、白果松、虎

白皮松

皮松、蟠龙松、蛇皮松，是我国特有树种之一，东亚唯一的三叶松，也是乌金山的主要树种之一。其活立木蓄积量 2016 立方米，占到乌金山活立木总蓄积量的 3.24%。

白皮松的形态特征：常绿针叶乔木，高可达 30 米，幼树干皮灰绿色，光滑，大树干皮呈不规则片状脱落，形成白褐相间的斑鳞状；叶三针一束，针叶短而粗硬，长 5 厘米 ~10 厘米；雌雄同株异花，花期 4—5 月；球果圆卵形，2 年成熟。白皮松耐旱、耐干燥瘠薄、抗寒力强。其树姿优美，苍翠挺拔。树皮斑驳美观，针叶短粗亮丽，别具特色，被称为松中“皇后”，为世界瞩目，早已成为华北地区城市和庭园绿化的优良树种。北京天安门广场两侧，总政、总参部，香山植物园，奥运场馆绿化用白皮松，均由乌金山移植。

灌木

1. 荆条：落叶灌木，马鞭草科牡荆属，别名牡荆、黄荆、五指柑、土常山等。高1—5米，花期长，6—8月开花，花组成舒展的圆锥花序，花冠蓝紫色；核果，球形或倒卵形，果期7—10月。

荆条是北方干旱山区阳坡、半阳坡的典型植被，也具有很高的观赏性。其叶、茎、果实和根均可入药。

荆条又是著名的蜜源植物，其花采集而成的蜂蜜称为荆条蜜，是四大名蜜（荆条蜜、枣花蜜、槐花蜜、荔枝蜜）之一。茎皮可以造纸及人造棉。枝条坚韧，为编筐、篮的良好材料。

2. 黄刺玫：落叶灌木，别名刺玫花、黄刺莓、破皮刺玫，蔷薇科。小枝褐色或褐红色，有硬刺。花黄色，花期5—6月。果球形，红黄色，果期7—8月。是北方春末夏初的重要观赏花木，开花时一片金黄，鲜艳夺目。

3. 胡枝子：中生性落叶灌木，别名二色胡枝子、扫条，豆科，高0.5米~3米，花冠蝶形，紫色，种子褐色，上布有紫色斑纹。

胡枝子为耐阴、耐寒、耐干旱、耐瘠薄、适应性强的优势物种。其枝叶繁茂，营养丰富，具有重要的饲用价值。此外胡枝子还具有药用价值，茎和新鲜叶中可提取黄酮甙、生物碱、槲皮素、山柰酚、三叶豆甙、必需氨基酸和鞣质。种子中含有儿茶精、表儿茶精、中

虎榛子

性脂、糖脂类、磷脂类物质，都具有很高的药用价值。此外，胡枝子也是重要的蜜源植物。

4. 达乌里胡枝子：草本状半灌木，豆科胡枝子属，生于山坡灌丛中、疏林下、丘陵坡地、沙质地、草原地带或海滨沙滩上，高20厘米~60厘米，花冠为蝶形，黄白色至黄色。性耐干旱，较喜温暖，萌生力强，嫩枝叶为优良饲料，全株可入药。

5. 多花胡枝子：小灌木，豆科胡枝子属，枝条细长柔弱，具条纹，花冠蝶形，花期7—9月，花瓣呈粉红色至紫色。其耐寒、耐干旱瘠薄土壤，适应性强，生于山坡丛林中。多花胡枝子枝条披垂，花期较晚，淡雅秀丽，观赏性强；根系发达，有根瘤菌，是很好的水土保持树种。

6. 六道木：落叶灌木，别名交翅，忍冬科六道木属。花粉红色，7—9月花开不断，幼枝带红褐色。耐寒，耐干旱瘠薄，在空旷地、溪边、疏林或岩石缝中均能生长。六道木枝叶婉垂，树姿婆娑，花美丽，萼裂片特异，具有较强观赏性。叶、花可入药。

7. 蒙古荚蒾：落叶灌木，别名蒙古绣球花，忍冬科。高达2米，花冠淡黄色，管状钟形，花期5—6月，果期6—8月，生长于海拔800米~2400米山坡疏林下，生态适应性很强，叶片对灰尘的吸附能力强，具有很好的美化效果和抗污染能力。

六道木

蒙古荚蒾

南蛇藤

暴马丁香

8. 南蛇藤： 藤本植物，卫矛科，别名合欢花。南蛇风、黄果藤，生长于山沟灌木丛中，长可达12米。花期5—6月，聚伞花序，黄绿色花瓣；果熟期9—10月，蒴果近球形，棕黄色；秋后叶变红色。根、茎、叶、果药用，能活血、行气、消肿、解毒、治蛇咬伤并做农药，树皮制优质纤维，种子油供工业用。

9. 暴马丁香： 落叶灌木或小乔木，别名暴马子、白丁香，木樨科丁香属。高达10米，树皮紫灰色或紫灰黑色，枝条带紫色,有光泽，圆锥花序大而稀疏，花序大型，花冠白色或黄白色，花期6月，蒴果长圆形，果熟期9月。生于海拔300米~1200米的山地针阔叶混交林内。

暴马丁香花序大，花期长，香味浓，是优美的绿化观赏树种。其树皮、树干及枝条均可药用。味苦，性微寒,具有清肺祛痰、止咳、平喘、消炎、利尿功能。

闪金柏

珍奇树种

闪金柏： 闪金柏是侧柏的一个天然变异种，实属罕见。该树当年生小枝及鳞叶呈金黄色，在阳光照射下金光闪闪，故名闪金柏，是一种观赏价值很高的园林树种。

山西省林业勘测设计院曳宏玉先生在2002年对乌金山森林景观调查时发现了两株闪金柏，一株位于八亩坪南，一株位于龙王山南端。

闪金柏为乌金山国家森林公园中一道亮丽的风景。

稀有树种

1. 蒙椴： 别名小叶椴、白皮椴，椴树科椴树属。落叶小乔木，株高6米~10米，树皮红褐色，叶广卵形至三角状卵形，花期6—7月，果9月成熟。聚伞花序，有花6~12朵，黄色。果近圆形。生于向阳山坡、岩石间隙。木材纹理细致紧密，是优质建筑材料。茎皮纤维坚韧，可代麻。花可提取芳香油，亦为良好的蜜源植物。

黑弹朴

2. 黑弹朴： 落叶乔木，别名小叶朴，榆科朴属。高达15米，胸径可达1米。树皮浅灰色，平滑。树冠倒广卵形至扁球形，花期6月,果期在10月。核果近球形,熟时紫黑色。耐寒，耐干旱，生长慢，寿命长，对病虫害、烟尘污染和有毒气体等具有较强抗性。

3. 本氏木兰： 落叶灌木，豆科，木兰属，高达1米，开蝶形紫红色花朵，花期5—10月，可达半年之久。有较高的药用价值。

本氏木兰

濒危树种

丽豆： 蝶形花科丽豆属，多生长于山谷或山坡灌丛中。树皮红褐色，小枝密被灰白色长柔毛。奇数羽状复叶、互生，椭圆形或倒卵状椭圆形。总状花序，花黄色，花期6—7月。荚果矩圆形，果熟8—10月。喜凉爽气候，耐寒力强。

丽豆

野生动物

据 1986 年北京林学院专家教授实地考察，乌金山国家森林公园有飞禽走兽、昆虫等动物 150 余种，如雪貂、金钱豹、狼、狍子、獾、野猪、狐狸、刺猬、雉鸡、灰鹳、环颈鸡、野兔、松鼠、石鸡、蛇类、老鹰、黄鹂等。其中雪貂、金钱豹为国家一级保护动物，雉鸡、灰鹳为国家二级保护动物。

雪貂

1. 雪貂： 雪貂是一种特别凶猛的貂，是捕鼠的能手，与野生的欧洲鸡貂非常相似。据说是由家养的貂与野生的鸡貂杂交产生的。雪貂是食肉类动物，属于鼬科。毛色呈野生色或白化色，野生色为体毛淡黄，黑脸。白化雪貂眼睛呈粉红色，毛呈白色。国家一级保护动物。

金钱豹

2. 金钱豹： 金钱豹体型与虎相似，但较小，为大中型食肉兽类。雄性体重 75 千克左右，雌性体重 55 千克左右，身体全长（连尾巴）1.6 米 ~2 米，尾长超过体长之半。头圆、耳短、四肢强健有力，爪锐利伸缩性强。豹全身颜色鲜亮，毛色棕黄，遍布黑色斑点和环纹，形成古钱状斑纹，故称之为“金钱豹”。豹的体能极强，视觉和嗅觉灵敏异常，性情机警，既会游泳，又善于爬树，成

雉鸡

灰鹳

为食性广泛、胆大凶猛的食肉类动物。善于跳跃和攀爬，一般单独居住，夜间或凌晨、傍晚出没。常在林中往返游荡，生性凶猛，但一般不伤人。国家一级保护动物。

3. 雉鸡：通称“野鸡”。鸟纲，雉科。雄鸡体长 0.9 米，羽毛华丽，颈下有一显著白色环纹。雌鸡较小，尾也较短，全身砂褐色，具斑，羽色暗淡，周身密布浅褐色斑纹。雉鸡栖于不同高度的开阔林地、灌木丛、半荒漠等地，是集食用、观赏和药用于一身的名贵野味珍禽，在我国传统文化中还有表达吉祥如意和美好前程之喻意，已被列入《国家保护的有益的或者有重要经济、科学研究价值的陆生野生动物名录》。

4. 灰鹳：也叫苍鹭，其他别名有老等、青庄、长脖老等。鸟刚，鹭科。大型涉禽。体长 85 厘米~90 厘米。喙和虹膜黄色，跗特长，其色黄中泛绿。头部白色，只头侧和枕部饰羽黑色。颈羽灰白，前颈有二或三条纵长黑纹，下颈有白色矛状羽。背部和尾苍灰色。下体白色，缀以黑色细长纵斑。幼鸟体羽灰色更多，饰羽很短或全缺。多活动于河湖水际或沼泽间。属国家二级保护动物。据估计，全球灰鹳仅存 5500 只左右，目前已被列为亚洲地区濒临绝种的鸟类。

乌金山林场办公楼

第三节 管 护

乌金山森林区是我国北方黄土高原上不可多得的天然混交林区。近百年来，国家和地方政府竭尽全力对这片林区加以管护，因此才有了今天这样一片绿色的海洋。尤其是新中国成立以后，党和政府投入了巨大的人力和财力对乌金山林区进行保护和开发，使这片林区越发显现出它的经济社会价值和诱人魅力

1927 年，经榆次县公署批准成立了乌金山林业促进会，由当地民间大峪口、左付、高壁、龙白、韩家寨、沛霖、要店、苏村八村共管山林及其建于山林中的庙宇。

从 1937 年 11 月 4 日日军侵占榆次到 1945 年抗战胜利的 8 年中，乌金山的大片森林遭到日军的肆意砍伐，许多高大的成材乔木只剩下裸露的树桩或变为“灌木”。

新中国成立以后，政府成立了乌金山联防委员会，对被日军破坏的森林进行大规模的修剪和补植，使乌金山林区植被逐渐得到恢复。

1961 年 2 月，经山西省林业厅批准成立乌金山国营林场，包括中林山、龙王山、大洪山、紫金山、要罗山五个营林区。

1993 年 5 月，乌金山林场经林业部、山西省林业厅批准为乌金山国家森林公园，并被榆次市委、市人民政府确定为旅游开发项目，从而使森林资源及自然景观得到有效保护和初步开发利用。

2007 年，随着社会的进步，经济的发展，榆次区委、区政府创新管理机制，采取市场运营方式，吸纳社会力量，共同对乌金山国家森林公园进行开发，使乌金山国家森林公园在开发的同时得到更加有效的保护。

开发和保护并重，在保护的前提下进行开发，是乌金山景区开发所遵循的基本原则。乌金山林区是一处比较罕见的原始自然生态留存，有效地保护这一片未经污染的森林，是利在当代，功在千秋的大事。乌金山国家森林公园把旅游开发和生态保护紧密结合起来，取得了许多有益的经验。现在，乌金山国家森林公园已经基本形成了三大保护区域。

第一处保护区位于乌金山北部，以大面积油松天然次生林为主，是规划中的“科普植物园”保护区。这里不仅是风景旅游区北部的绿色屏障，而且是进入森林公园北门后的第一大森林景观。

第二处保护区位于乌金山风景旅游区中心地带，这里有大面积的油松、侧柏、白皮松混交林，是乌金山国家森林公园旅游景区的中心地带。千顷碧浪中，寺庙群立，古塔耸峙，峡谷纵横，自然景观和人文景观交相辉映，形成了乌金山森林公园的核心保护区。

第三处保护区位于乌金山西南部的黑沙沟至四角坪一带，这里有乌金山最为独特的自然景观。黄刺玫、荆条、山桃、山杏、黄栌、火炬、松柏……形成了一幅五彩斑斓花团锦簇的自然生态画卷。这里是乌金山国家森林公园原始生态的重点保护区域。

管护

第七章 开发·设施·导游

乌金山开发建设以生态文化、宗教文化、科普文化、农耕民俗文化为特色。

努力打造四大旅游品牌，即生态休闲、会议度假、宗教文化、人与自然科普旅游品牌。

重点建设五大旅游景区，即核心游览区、生态度假区、自然生态体验区、会议度假区、游客集散区。

第一节 开发建设

乌金山国家森林公园景区地处榆次乌金山国营林场，与常家庄园、榆次老城、后沟古村并称为发展榆次旅游业的“四篇文章”。

乌金山又名龙王山，1993年5月，由林业部批准为国家级森林公园，并于1994年编制了《山西省乌金山国家森林公园总体规划》，从而启动了第一轮乌金山旅游开发工作。

为充分保护开发旅游资源，实现旅游文化向旅游经济的转变，加速推动榆次旅游服务业的建设，2007年7月，经榆次区党政联席会议研究决定，由区人民政府、乌金山国营林场与北山煤化有限责任公司董事长王福生先生共同出资，开发乌金山国家森林公园景区。景区项目建设期为5年，经营期为50年。

乌金山开发建设以生态文化开发建设、宗教文化开发建设、农耕民俗文化开发建设、科普文化开发建设为特色。打造四大旅游品牌，即生态休闲旅游品牌、会议度假旅游品牌、宗教文化旅游品牌、

人与自然科普旅游品牌。重点建设五大旅游景区，即核心游览区、生态度假区、自然生态体验区、会议度假区、游客集散区。形成以生态休闲、会议度假、观光产品为主体，辅以宗教旅游、科普旅游、体验旅游，集生态休闲旅游、会议度假接待、宗教文化体验、人与自然科普体验及晋中农耕民俗文化体验为一体的多功能综合性旅游发展格局，力争将乌金山国家森林公园建设成国内知名的生态休闲及会议度假旅游胜地和省级生态文化建设基地。

依据乌金山旅游资源空间分布以及旅游功能的一致性原则，结合

旅游区道路交通情况，将乌金山国家森林公园划为5个旅游功能区和9个旅游景区。5个旅游功能区为：生态休闲区、核心游览区、会议度假区、自然生态体验区、旅游集散区。9个旅游景区分别为：山门景区（包括南门、北门、东门、西门）、人与自然科普基地、乌金山庄景区、冀家山会议中心景区、水晶院景区、龙王庙景区、九峰塔景区、季相植物观赏景区、森林浴景区。

乌金山国家森林公园景区建设项目总投资3.3亿元，总建筑面积7.9万平方米。分三期建设。其中：一期项目总投资2.19亿元；二期总投资6100万元；三期总投资5000万元。

乌金山国家森林公园景区建设一期工程于2007年9月正式开工，2009年9月一期工程建设完工并对外开放。

第二节 配套设施

旅游住宿设施

乌金山国家森林公园景区建有三处住宿设施，分别为乌金山庄、会议度假中心、森林木屋休闲度假村。

乌金山庄位于大青山，为四星级酒店，可以提供300~400个床位。

会议度假中心位于冀家山，包括乡土窑洞形式在内，可以提供900个床位，其中包括乡土窑洞150~200个床位。

森林木屋休闲度假村位于乌金山林场管理处前，毗邻茂密山林，可提供100个床位，满足部分游客在中心游览区内住宿及享受森林浴的要求。

旅游餐饮设施

晋中一带食品资源丰富，各种面食极具特色。为配合乌金山国家森林公园开展的山林之旅、民俗之旅、乡土之旅、休闲度假之旅，提高旅游者的参与性，增加野趣和乡土情调，特推出与以上特色旅游相适应的饭食与菜肴。具体为：

(1) 在水晶院景区开辟独具特色

的高品位素斋私家菜。此处可容纳300人同时就餐。

（2）在龙王庙景区结合民俗文化活动，推出晋中风味不同档次的特色小吃。

（3）在乌金山庄和各个宾馆，提供中西风味品种齐全的营养餐。游客可采用自助或半自助方式就餐。乌金山庄辟有中高品位素餐坊，可同时容纳150~200人就餐。

（4）在会议中心的乡土窑洞式服务中心提供具有地域特色的餐饮服务，注重旅游者的参与性和乡土情调。

（5）在景区西门附近建设传统风貌商业街市，展示特色产品和工艺品，并建设特色风味餐厅。

游客接待中心

旅游娱乐项目

为满足旅游者的不同需求，乌金山国家森林公园将推出不同的旅游活动项目，使旅游者在乌金山可以享受到非同寻常的休闲旅游乐趣。

（1）龙王庙景区：开展宗教、民俗、文化节庆相关活动，建设配套设施和表演场地。

（2）森林浴景区：结合山地森林休闲康体旅游项目，建设帐篷营地与登山攀缘设施。

（3）环湖旅游带：在明珠湖开展水上自行车、游艇、划船、垂钓等水上娱乐项目。

（4）乌金山庄：建设室内外游泳池；建设网球、壁球、排球、羽毛球场地；建设健身中心、美容中心；建设适应不同年龄层次的运动保健设施。

（5）森林木屋休闲度假村：建设山间徒步旅行走道，开辟自行车健身环行线、骑马游览环行线；建设乡村生活体验及农家节事参与设施；建设其他适合不同年龄段的康体保健娱乐设施。

旅游购物规划

乌金山国家森林公园旅游商品开发将以具有纪念性的地方工艺品、土特产品为主。同时要发挥晋中地区的历史文化优势和乌金山自然资源优势，引进先进技术，按照市场需求，开发品种多样的旅游产品，以满足不同人群的需求。逐步形成旅游商品生产和销售体系，提高乌金山国家森林公园旅游业的综合效益和产业的联动效益。

旅游导游系统

乌金山国家森林公园旅游旨在让游客得到高品位的历史文化陶冶和休闲娱乐体验，而导游解说是使游客获得这种熏陶和体验不可或缺的中介。一支高素质的导游解说队伍，不仅是开展旅游业务的必须，同时也是景区一道靓丽的风景。他们的具体任务是：

(1) 在景区固定地点安排固定和机动导游员，随时解答游客的咨询。

(2) 在科普文化活动、宗教文化活动、民俗风情表演和农事参与体验场所，安排导游解说员进行主题讲演。

(3) 在自然景观和人文景观现场等地，导游解说员要进行现场直观讲解。

(4) 利用展示牌，以文字和图片形式对景点进行解说。

(5) 在连接各个景点的游览线上设立自导系统，利用主题指示牌，引导游客自行游览。

(6) 编印旅游丛书和折页式广告册，以文字和图片介绍景观，以便游客随时参阅。

(7) 在水晶院西设置游客接待中心，陈列各种图表、照片、模型，以及利用视听手段对景区进行介绍。

第三节 路线导游

乌金山景区游览线路

自南门入： 南门—明珠湖—东门—观景台—大佛台—九龙湖—龙王庙—罗汉阁—水晶院—天缘谷—避暑山庄—太清宫—天缘谷—九龙壁—九峰塔

自北门入： 北门—天台峰—大佛台—九龙湖—龙王庙—罗汉阁—水晶院—天缘谷—避暑山庄—太清宫—天缘谷—九龙壁—九峰塔

乌金山景区游览线路图
国道307
北门
天台揽胜
云梦山
王禅老祖修行洞
棋盘石
东沟村
鳄鱼吞珠
骆驼出山
孟良山
古战场遗址
孟良古寨遗址
龙王山
冀家山
巨石脚印
天缘谷
结缘台
塔林
大慧石
接待中心
水晶院
九龙壁
敦崇礼墓
凤凰阁
九峰塔
九龙湖
四角坪
九孔桥
龙王庙
弥勒大佛
观景台
隧道
大青山
太清宫
避暑山庄
杨源公路
东门
大洪山
七彩流砂
大瑾容杯
青羊指路
金龟探海
镇寿寺
洪山瀑布
西门
榆罕线
后沟村
榆次八路军工作团旧址
高壁村
郭峪线
海底岭村
旅游线
大峪口村
杜家山
太原战役
敌委员会旧址
东左付村
渡假村
张彪祠堂
圣安寺
西左付村
明珠湖
田家湾村
南门
北
西
东
南

附录：乌金山开发大事记

1961年2月，榆次市国营乌金山林场成立。

1992年4月23日，中共榆次市委常委扩大会议召开，会议决定筹建乌金山森林公园。

1992年5月6日，原任山西省副省长（时任晋中行署专员）彭至圭在榆次检查工作时指出："榆次要办好乌金山森林公园。"

1992年5月30日，榆次乌金山森林公园筹建处成立。

1992年7月15日，乌金山森林公园第一次开工建设。

1993年5月8日，林业部下发林造批字[1993]第89号文件，批准乌金山为国家森林公园。

1993年5月28日，原任山西省常务副省长（时任晋中行署专员）范堆相在乌金山考察，并参加农历四月初八乌金山传统庙会。

2000年6月2日，乌金山森林公园第二次开工建设。榆次区政府投资近700万元，在乌金山打深井2眼，建蓄水池2座，完成了乌金山旅游开发供水工程，建成了平地泉至水晶院的3.5公里旅游公路。

2007年6月6日，榆次区人民政府与北山煤化集团公司董事长王福生签订《保护利用乌金山国家森林公园建设协议书》，根据协议约定，双方合作开发乌金山国家森林公园，项目拟投资3.3亿元，建设期为5年，经营期为50年。

2007年8月1日，乌金山国家森林公园第三次开工建设并举行奠基仪式。

2007年10月9日，乌金山国家森林公园景区建设指挥部成立。

2007年11月28日，“乌金山国家森林公园景区建设指挥部”和“山西乌金山文化旅游开发有限公司”在乌金山国营林场场部举行挂牌仪式。

2008年2月23日，榆次区政府组织召开乌金山国家森林公园建设协调会。会议决定将田家湾水库改造项目纳入乌金山国家森林公园整体建设工程，项目拟投资1.1亿元，经营期为55年。

2008年3月26日，龙王庙、水晶院等工程开工建设。

2008年4月3日，晋中市委书记李永宏在乌金山森林公园景区建设工地调研。

2008年6月15日，乌金山国家森林公园景区总体规划评审会召开，并通过了总体规划方案。山西省政府参事杨晓国、刘景雯等专家出席。

2008年8月19日，大同市市长耿彦波考察乌金山国家森林公园。

2008年10月12日，榆次区委、区政府组织召开乌金山国家森林公园建设工程现场办公会。会议决定将乌金山国家森林公园建设工程列为2009年榆次区委、区政府的一号工程，会议要求各有关部门要共同努力，力争于2009年9月前完成一期工程建设任务。

牌楼

2008年11月12日，晋中市人大常委会主任（时任晋中市委副书记）张文科考察乌金山国家森林公园。

2008年11月28日，林业部森林公园管理办公室致函山西省森林公园管理中心（林园便字[2008]39号），同意办理龙王庙景点等建设项目需占用乌金山国家森林公园林地的请示。

2009年3月21日，榆次区委召开乌金山国家森林公园建设现场会。会上就工程建设及文化旅游节举办等事宜进行了具体安排。

2009年6月3日，由亚太环境保护协会、世界城市合作组织评价中心、世界文化地理研究数据库、亚太人文与生态价值评估中心、香港中国城市研究院等7个研究机构和组织，依据地域文化系统的优越性、旅游资源的可塑性等评选标准，同时根据国内和海外40个城市进行的“口碑调查”，乌金山位列中国百强避暑名山榜第52位。

2009年8月30日，龙王庙、水晶院、九峰塔、大佛台、天缘谷、九龙湖、游客接待中心、旅游路（包括大桥、隧道）先后竣工，太清宫基本完工。

2009年9月9日，第七届榆次文化旅游节在乌金山龙王庙广场举行。

跋

中共榆次区委常委、宣传部部长 王琳玉

《乌金山风情》一书在各方人士的关注下出版了。本书旨在全面地介绍乌金山的历史、文化、景观、宗教、植被等各方面的情况，以便游客走进乌金山的时候，可以通过这本书，对乌金山有一个比较详尽的了解。作为国家森林公园，乌金山不仅有着我们可以引以为豪的大面积原始森林，而且还有着丰富的文化内涵。所以，到乌金山旅游，不仅可以享受千顷林海给我们带来的回归自然的情韵，而且还可以通过许多人文景观去寻觅历史的足迹。让游客一方面感受大自然造化的神奇，一方面领略历史文化的魅力，这就是我们编撰出版本书的初衷。

在这里我们应当特别提及的是乌金山源远流长的宗教文化。在乌金山的核心旅游区，我们可以看到多处修葺一新的寺庙群和其他宗教景观。我们可以在这里感受宗教的神圣、宁静和深邃。我要说的是，这些寺庙群仅仅是其中最有代表性的一部分。乌金山还有大大小小几十座寺庙遗存散落在千顷密林中，有的寺庙还与一些著名的历史人物密切相关。比如紫金山的华严寺就与唐代著名佛教传播人李通玄有关,再如大洪山的镇寿寺就与曾被唐太宗李世民封为“空王佛”的田志超有关，现在已经修葺一新的太清宫就与宋代全真教掌门人王重阳有关，这些都需要我们下工夫深入地研究和挖掘。

其次，有关后汉开国皇帝刘知远和民女李三娘的传奇爱情，以及刘知远建立后汉的历史史实；战国时期剑侠盖聂的生平以及他与荆轲的交往；清代湖北提督张彪的历史贡献等等，都应该进行研究和宣传。尤其是他们都与乌金山有着密切的关系，这就更值得我们

采取各种方式去做文章。

任何形式的旅游归根到底都应该是文化的旅游，缺乏文化内涵的旅游一定是苍白的，没有生命力的。所以，千方百计提高乌金山的文化档次不仅是必要的，而且是必须的。好在这些工作随着乌金山国家森林公园的开发已经引起了有关方面的注意，这将是一个良好的开端。这本书的编写过程以及我们围绕乌金山开发所做的一切历史资料收集和整理工作就是例证。

在这本书的编写过程中，我们得到了区委区政府领导与各方面人士的大力支持。王建林书记和王继堂区长特意为本书作序，晋中市有关领导以及中华诗词学会和省诗词学会的不少会员为乌金山旅游区撰写楹联，姚奠中、张颔、水既生等一批文化名人为乌金山寺庙书写楹联匾额，这些都大大丰富了本书的内容。在这里我们特向各位领导和各位学者、艺术家表示衷心的感谢。此外，我们还应该特别提到《榆次时报》记者韩杰先生和乌金山林场场长王长青先生，本书的许多资料都来源于他们多年的宝贵积累，在此我们一并向他们表示诚挚的谢意。

由于时间仓促，编者水平有限，本书一定还存在不少缺陷，希望读者不吝赐教。我们一定会择善而从，在本书再版的时候进行完善和修改。

2009年7月8日

图书在版编目（CIP）数据

乌金山风情 / 王琳玉主编. —太原：山西人民出版社，2009.9

ISBN 978-7-203-06572-2

Ⅰ.乌… Ⅱ.王… Ⅲ.国家公园：森林公园—简介—晋中市 Ⅳ.S759.992.253

中国版本图书馆CIP数据核字（2009）第154760号

乌金山风情

主　　编：王琳玉
责任编辑：孔庆萍
装帧设计：华胜文化

出 版 者：山西出版集团·山西人民出版社
地　　址：太原市建设南路21号
邮　　编：030012
电　　话：0351-4922220　4955996　4956039
　　　　　0351-4922127（传真）　4956038（邮购）
E-mail:　sxskcb@163.com　发行部
　　　　　sxskcb@126.com　总编室
网　　址：www.sxskcb.com

经 销 者：山西出版集团·山西人民出版社
承 印 者：山西臣功印刷包装有限公司

开　　本：787mm×1092mm　1/16
印　　张：19
字　　数：278千字
印　　数：1-5000 册
版　　次：2009年9月　第1版
印　　次：2009年9月　第1次印刷
书　　号：ISBN 978-7-203-06572-2
定　　价：55.00 元